Thomas Vašek
Die Weichmacher

W0012802

Thomas Vašek

DIE WEICHMACHER

Das süße Gift der Harmoniekultur

Bibliografische Information der Deutschen Nationalbibliothek
Die Deutsche Nationalbibliothek verzeichnet diese Publikation in der
Deutschen Nationalbibliografie; detaillierte bibliografische Daten
sind im Internet über http://dnb.d-nb.de abrufbar.

1   2   3   4   5   6   15   14   13   12   11

© 2011 Carl Hanser Verlag München
Internet: http://www.hanser.de
Lektorat: Martin Janik
Herstellung: Stefanie König
Umschlaggestaltung: keitel & knoch kommunikationsdesign, münchen,
unter Verwendung eines Bildmotivs von © Foodlovers – Fotolia
Satz: Presse- und Verlagsservice, Erding
Druck und Bindung: Friedrich Pustet, Regensburg
Printed in Germany
ISBN 978-3-446-42353-4

INHALT

VORWORT

Boxen ist meine Leidenschaft. Vor ein paar Jahren fing ich damit an. Seither steige ich jede Woche in den Ring, um mich mit anderen zu schlagen. Es gab schon blaue Augen, geprellte Rippen, einen Nasenbeinbruch. Boxen ist gefährlich. Manche sagen, es sei archaisch und brutal. All das ist nicht ganz falsch.

Das Schöne am Boxen aber ist: Es macht Spaß.

Keine Angst, ich werde Ihnen das Boxen nicht als Metapher fürs Leben verkaufen. Ich werde Ihnen nicht raten, Kollegen mit einer »rechten Geraden« niederzustrecken. Keine Rede von »Deckungsverhalten«, von »schnellen Händen« und »technischem K. o.«. Nichts von alledem. Und doch ist meine Liebe zum Boxen wichtig für dieses Buch.

Boxen ist Konflikt. Harmonische Boxkämpfe gibt es nicht. Einer will den anderen treffen, ihn am Ende zu Boden schlagen. Das ist eine klare, unmissverständliche Agenda. Ein Boxkampf ist wie eine harte Diskussion. Einer versucht den anderen zu überzeugen. Am Ende zählt das bessere, das schlagendere Argument.

Dieses Buch plädiert für Konflikt. Es richtet sich gegen Harmoniesucht, gegen Kuschelteams und Konsenskultur. Mein Herz schlägt für offene Auseinandersetzung, für Konfrontation und Zuspitzung, für Dissens und Gegensatz. Meine Sympathien gehören den Abweichlern und Querdenkern und all jenen, die überhaupt noch einen Standpunkt vertreten – und die bereit sind, dafür in den Ring zu steigen.

Meine These ist sehr einfach. Harmonie verblödet. Sie macht träge, mutlos, unkreativ und schwach. Harmonie führt nicht zu Glück, sondern zu Langeweile und Depression. Aus Harmoniesucht entsteht selten Neues. Fortschritt braucht Konflikt – in der Wirtschaft, in Politik und Gesellschaft, in persönlichen Beziehungen. Harmonie bedeutet Stillstand und Lethargie. Was folgt, ist oft der Untergang.

Harmoniesucht verzerrt die Sicht auf Probleme. Sie kann Entscheidungsprozesse lähmen, Innovationen verhindern und notwendige Veränderungen blockieren. Zu viel Harmonie vergiftet die Stimmung. Sie führt zu Verdrängung – und am Ende erst recht zum Konflikt.

Wo es allzu harmonisch zugeht, stimmt etwas nicht. Hinter der Konsensfassade blüht die Intrige, und in besonders kuscheliger Atmosphäre herrscht oft auch besondere Brutalität. Bei Volkswagen mündete die viel gerühmte Konsenskultur letztlich in den Schmiergeld- und Rotlichtsumpf. »Es muss in einer Gesellschaft auch eine gewisse Menge Streit, Krach und Kontroverse geben, denn es gibt auch unterschiedliche Interessen. Die deutsche Harmoniesucht hat doch dazu geführt, dass viele Dinge nicht klar genug benannt und dann aufgeschoben werden.« So formulierte ein gewisser Thilo Sarrazin im April 2010, einige Monate vor dem Erscheinen seines umstrittenen Buchs. Für Sarrazins Ansichten zu Integration und Bevölkerungspolitik habe ich wenig übrig. Aber mit der zitierten Aussage hat er recht.

»Weichmacher« – so nenne ich jene Harmonieterroristen, die ihr süßes Gift in Unternehmen und Organisationen versprühen. Ihre Ideologie heißt Teamgeist, ihre Taktik emotionale Intelligenz. Ihre Tarnung ist das freundliche Dauerlächeln, das selbst in Krisensituationen unerschütterliche Seelenruhe signalisiert.

Das Adjektiv »weich« bedeutet »einem Druck leicht nachgebend«, so heißt es im *Duden*. Weiche Dinge bieten keinen Widerstand. Man denkt an Kissen, an Butter oder an Pudding. Als Synonyme nennt das Wörterbuch »biegsam«, »flexibel«, »formbar«, »kuschelweich«, aber auch »schwammig«, »matschig« oder »schlabberig«, in Bezug auf Menschen »anpassungsfähig«, »charakterschwach«, »gefügig«, nachgiebig«, »rückgratlos«, »willensschwach« oder »konturlos«. Weiche Dinge empfinden wir als angenehm. Ein Pullover soll flauschig und weich sein. Weiche Haut streicheln wir gern. Nudeln kocht man, bis sie »al dente« sind. Aber auch nicht länger, sonst werden sie schlabbrig und fad.

Der Begriff »weich« hat also etwas Zweideutiges. Das eine ist der Wohlfühlfaktor, das andere eine gewisse Konturlosigkeit. Allzu weiche Dinge kann man nicht greifen, sie flutschen einem durch die Hand. Wenn Nudeln zu weich sind, verlieren sie den Geschmack. Jemanden »weichkochen« heißt, ihm etwas aufzuschwatzen. Dünnhäutige, mimosenhafte Menschen empfinden wir manchmal als »weichlich«.

Weichmacher sind aber auch »Macher« – also Leute, die etwas bewirken. Weichmacher »machen« andere weich – Menschen, Prozesse, Unternehmen. Sie produzieren sozusagen Pudding: Was sie anfassen, wird zu Brei.

»Weichmacher« sind eigentlich chemische Substanzen, um Kunststoffe geschmeidiger zu machen. Gesund sind sie offenbar nicht: Bei Männern, so haben Studien ergeben, führen diese Stoffe mutmaßlich zu Unfruchtbarkeit.

Der Begriff »Weichmacher« weckt gewisse Assoziationen zum »Weichei« – und damit zu einer ganzen Reihe von Spottbegriffen für Personen, die man gemeinhin für schwächlich oder feige hält. Zwischen dem »Weichmacher« und dem »Weichei« besteht eine gewisse Familienähnlichkeit. Beide neigen dazu, unangenehmen Dingen aus dem Weg zu gehen. Der »Weichmacher« ist mit dem »Weichei« sozusagen weitschichtig verwandt. Allerdings handelt es sich um eine höher entwickelte Art: Weichmacher sind intelligent und bestens ausgebildet. Man findet sie in den Führungsetagen der Wirtschaft. Man könnte sagen: Sie gehören zur Elite im Land.

Weichmacher suchen Harmonie und Konsens. Darum gehen sie oft weite Wege, um Konflikten auszuweichen. Dissens halten sie für lästig und unproduktiv.

Weichmacher vertreten keinen Standpunkt, sondern Befindlichkeiten. Man kann sie auf nichts festnageln, denn sie stehen für nichts. Weichmacher sind aber nicht einfach nur Opportunisten, die sich wahllos an jede Situation anpassen. Wenn sie mit der Herde ziehen, dann mit Kalkül und Bedacht.

Weichmacher verstehen sich als Demokraten. Sie wollen »kommunizieren« und »einbinden«. Entscheidungen delegieren sie gerne ans Team. Ihr liebstes Ritual ist das möglichst ergebnislose Meeting, in dem zwar stundenlang »kommuniziert«, aber nichts besprochen oder gar entschieden wird.

Hauptsache, es war konfliktfrei und harmonisch; man hat niemanden gekränkt und die eigene Reputation nicht beschädigt.

Weichmacher haben ihre Emotionen im Griff. Sie bekommen keine unkontrollierten Wutanfälle. Selbst in Stresssituationen schreien sie nicht herum, sie rasten nie aus, sie beleidigen niemanden, sie schimpfen nicht. Wenn sie andere doch mal kritisieren müssen, winden sie sich vor lauter verständnisvollen Floskeln. Ich kenne Manager, die führen Personalgespräche wie Therapeuten – Selbsttherapie inklusive.

Weichmacher wollen niemanden verletzen. Sie zeigen Einfühlungsvermögen, gehen auf andere ein und versuchen immer, auch die »andere Seite« zu sehen. Einen katastrophalen Fehler, eine inakzeptable Leistung finden sie allenfalls »suboptimal«. Und kommt es doch mal zu einer Meinungsverschiedenheit oder gar zum Konflikt, handelt es sich bestimmt nur um ein »Kommunikationsproblem«.

Weichmacher sind nette, freundliche Typen. Man kann sie nicht für das hassen, was sie sagen – sondern nur für das, was sie vermutlich verschweigen. Mit den meisten ist man sowieso per Du. Man kann durchaus ein Bier mit ihnen trinken. Nur sollte man nicht glauben, dass sie sagen, was sie wirklich denken. Oder dass hinter dem, was sie sagen, überhaupt ein Gedanke, eine Überzeugung steht. Ich habe hoch bezahlte Führungskräfte erlebt, die ihre Meinung innerhalb von drei Stunden zweimal änderten. Die vor dem Meeting Standpunkt A vertraten, im Meeting Standpunkt B – um mir anschließend zu erklären, eigentlich hätten sie ohnehin Standpunkt C gemeint. Es sei nur sinnlos gewesen, diesen Standpunkt auch zu vertreten.

Weichmacher haben keine Eigenschaften, keine Überzeugung, kein Gesicht. Statt Meinungen zu vertreten und durchzusetzen, »managen« sie ihre Beziehungen, ganz nach den Anforderungen der jeweiligen Situation.

Weichmacher interessieren sich nicht für Wahrheit, für rationalen Diskurs. Sie versuchen gar nicht erst, die sachlich beste Lösung zu finden – sondern eine, die möglichst niemanden vor den Kopf stößt. Der Weichmacher kämpft nicht um die Maximalvariante, um dann einen Kompromiss zu schließen. Vielmehr bietet er von vornherein den Kompromiss an, weil er davon ausgeht, dass er mit der Maximalvariante ohnehin nur Ärger bekommt. »Es geht eben nicht immer um die Wahrheit«, sagte mir einmal ein hochrangiger Verlagsmanager. Er meinte das keineswegs zynisch, sondern eher bedauernd. Müsste ich das Motto eines Weichmachers formulieren – dieser Satz wäre in meiner engeren Wahl.

Weichmacher sind weder reine Opportunisten noch Zyniker. Man würde ihnen unrecht tun, wollte man ihnen skrupelloses Machtkalkül vorwerfen – oder menschenverachtende Motive unterstellen. Die meisten Weichmacher, die ich kenne, würden sich als Vertreter eines modernen Führungsstils bezeichnen. Teamorientiert statt diktatorisch, einfühlsam statt autoritär.

Brüllen und Runtermachen war gestern. Heute führt man Teamgespräche, man lässt sich coachen oder fährt mit der Truppe gleich zum Teamseminar. Dort arbeitet man an Selbst- und Fremdbild oder löst zusammen Kreativaufgaben, die zeigen sollen, wie effektiv das Arbeiten in der Gruppe ist. Abschließend darf noch jeder sagen, dass ihn die Veranstaltung persönlich »weitergebracht« hat. Dass er manches jetzt mit »neuen Augen« sieht. Der Chef kann wieder ein Häkchen in seiner To-do-Liste machen – »Teambildung gefördert«, das reicht jetzt mal fürs nächste halbe Jahr.

Weichmacher wollen nur das Beste. Genau das ist das Problem. Wer hat schon was gegen Konsens und Harmonie? Fast jeder vierte Arbeitnehmer findet seinen Chef zu autoritär, heißt es in einer repräsentativen Umfrage der GfK Marktforschung. Und eine Studie des Geva-Instituts in München ergab: Drei Viertel der Befragten glauben, dass sich »eine Führungskraft von ihrer Intuition leiten lassen und nach Konsens streben sollte«.

Weichmacher sind die Produkte einer flexiblen, »teambasierten« Ökonomie. Nahtlos fügen sie sich ein in Projektteams und Arbeitsgruppen, sie integrieren sich in jedes Unternehmen, sie passen zu jeder Kultur. Weichmacher machen keinen Ärger. Sie sprengen keine Strukturen und zetteln auch keine Revolutionen an. Niemand muss sie fürchten. Genau deshalb sind sie eine Gefahr.

Weichmacher verstellen sich nicht. Sie spielen nicht bloß eine Rolle, die sie auf irgendwelchen Business Schools eingelernt hätten. In gewisser Hinsicht sind sie so, wie sie sind – im Job genau wie im privaten Leben. Sie sind einfach nett – so wie wir alle, tief in unserer Natur.

Jeder von uns hat einen Freundlichkeits- und Harmonieinstinkt. Nicht das Nettsein kostet uns Überwindung, sondern eher das Gegenteil. Konflikte bedeuten Bedrohung, Stress und Angst. Wer sich darauf einlässt, geht immer ein Risiko ein. Argumente können falsch sein, Meinungen unerwünscht, Erfolgsaussichten fraglich. Dissens macht schnell zum Außenseiter. Wer aus einer Gruppenmeinung ausschert, muss mit allem rechnen – mit Hohn und Spott, mit Isolation oder gar mit Hass. Konflikte sind gefährlich, sie kosten Kraft und Energie. Da kuscheln wir schon lieber, statt uns scheinbar sinnlos aufzureiben. Und ehe wir uns auf unabsehbare Risiken einlassen, schlucken wir lieber das süße Gift der Harmonie.

Weihmacher sind also zutiefst menschlich. Es gibt sie überall – und nicht bloß im harmoniesüchtigen Deutschland.

Ein Weichmacher steckt in jedem von uns.

In diesem Buch versuche ich, den Weichmachern auf die Spur zu kommen – ihrem Denken, ihrem Verhalten, ihren Biotopen. Ich werde argumentieren, warum übertriebene Harmoniesucht und Konsenskultur gefährlich sein können. Allerdings plädiere ich weder für kompetitive Ellbogenmentalität noch für die Rückkehr zu einem autoritären Führungsdenken alten Stils.

Ganz im Gegenteil.

Nur das demokratische, auf Kooperation aufgebaute Unternehmen hat Zukunft.

Wirtschaftlicher Erfolg beruht heute darauf, Wissen und Kreativität optimal zu organisieren. Führungskräfte müssen Projekte koordinieren, Verbindungen herstellen, Teams aufbauen. Dazu braucht es Strukturen, die auf Mitbestimmung angelegt sind. Zugleich ermöglichen die Informationstechnologien neue Formen der Kooperation. Die alte Command-and-Control-Vorstellung von Management ist nicht mehr zeitgemäß. Der »allwissende« Chef, der seinen Mitarbeitern sagt, wo es langgeht, hat endgültig ausgedient. Heute geht es darum, Wissen und Ideen möglichst effektiv miteinander zu teilen. Erfolgreich kann nur sein, wer zur Zusammenarbeit mit anderen fähig ist.

Kooperation aber braucht Konflikt.

Meine These lautet: Harmonie- und Konsenssucht unterminiert die Vision des modernen, demokratischen Unternehmens. Gerade das demokratische Unternehmen ist auf Dissens angewiesen – auf Disharmonie, auf kontroverse Diskussion. Weichmacher bedrohen daher genau den »Teamgeist«, auf den sie sich so gern berufen. Sie verstehen sich als Demokraten. Und doch unterlaufen gerade sie die Idee eines modernen, demokratischen Führungsstils.

Weichmacher üben eine subtile Form von Gewalt aus. Sie sind nicht nur Energieräuber und Ideenkiller – sondern auch Extremisten eines neuen Typs. Ihr Feindbild ist das Individuum, ihr Ziel die Diktatur des Teams, das dann praktischerweise auch gleich für alles die Verantwortung übernimmt.

Meine Position in diesem Buch ist eine der Leidenschaft. Harmonie ist fad, sie hat keinen Geschmack. Ihr fehlt die Reibung, die Spannung, der Gegensatz. Wo es keinen Dissens gibt, blüht Konformität. Harmoniesucht begünstigt Herdendenken – mit desaströsen Folgen. Indem sie Unterschiede einebnet, untergräbt sie auch die Individualität. Darum herrscht in vielen Meetings so unerträgliche Langeweile. Wenn keiner mehr eine Meinung hat, wenn jeder nur mehr routiniert die gleichen Leerformeln »kommuniziert«, braucht auch keiner mehr zuzuhören. Dann wird das Meeting zum sinnlosen Ritual, zur puren Zeitverschwendung. Dann liest man E-Mails oder starrt einfach nur aufs BlackBerry-Lämpchen. Und wenn es bei allen gleichzeitig leuchtet, dann weiß man wieder mal, dass man zu einem Team gehört.

Das klingt absurd – und doch ist es Alltag in vielen Unternehmen. Absurder ist nur noch, dass viele glauben, man könne nichts dagegen tun. Als wären langweilige, unproduktive Besprechungen ein Naturphänomen. Die gleichen Führungskräfte, die sich sonst nur im Laufschritt durch die Flure bewegen, weil sie immer »busy« sind, ertragen die sinnlosesten Meetings mit geradezu buddhistischer Gelassenheit.

Man braucht nicht viel Scharfsinn, um zu erkennen, dass da irgendwas falsch läuft. Dass hier Zeit und Begabung geradezu fahrlässig verschwendet werden. Intelligenz und Kreativität sind nicht zum Kuscheln da. Der Sinn eines zweistündigen Meetings kann nicht darin bestehen, dass sich alle gegenseitig versichern, wie nett sie einander finden. Das ist nicht bloß unproduktiv. Nach meinen Erfahrungen raubt es auf die Dauer auch den Verstand. Es wundert mich, dass nicht regelmäßig Leute in Meetings durchdrehen – bloß weil sie die Langeweile nicht mehr ertragen können. Gegen Weichmacher hilft manchmal nur Härte, gegen Harmonieterror Dissens und Konflikt.

Konflikt kann produktiv sein und Spaß machen – vorausgesetzt man führt ihn mit Sinn und Verstand. Konflikt kann helfen, Gefahren zu erkennen, bessere Entscheidungen zu treffen, Innovation und Veränderung voranzutreiben. Produktiver Konflikt fördert die persönliche Entwicklung, er stärkt unsere Individualität und unser Selbst. Dazu braucht es Mut und Willensstärke – und nicht zuletzt eine eigene Meinung. Wer Konflikte führen will, muss Risiken eingehen und eigene Empfindlichkeiten zurückstellen. Das macht Angst und kostet Kraft, und doch kann es ungemein lohnend sein. Nicht nur Paartherapeuten wissen: Konflikte sind für Beziehung oft ausgesprochen heilsam. Das gilt auch für Unternehmen.

Es liegt in der Natur der Sache, dass das Thema dieses Buches schwer zu »greifen« ist. Weichmacher fallen nicht durch kontroverse Äußerungen auf. Sie provozieren eben keinen Konflikt, über den man berichten könnte. Wenn alles harmonisch läuft, gibt es offenbar keinen Grund zur Beunruhigung – dann scheint ja ohnehin alles in Ordnung zu sein. Deshalb betreibt man zwar Konfliktforschung, aber keine Wissenschaft der Harmonie.

In diesem Buch versuche ich daher, mich den Weichmachern auf verschiedenen Wegen anzunähern – in der Hoffnung, dass es mir gelingt, sie am Ende doch »festzunageln«. Ich habe vier »Angriffspunkte«, die hoffentlich genügend Halt bieten: Der erste ist der Weichmacher in uns allen – unser tief verwurzelter Harmonie- und Freundlichkeitsinstinkt. Der zweite ist das Weichmacher-Team, der dritte der Weichmacher-Chef, der vierte schließlich das Weichmacher-Unternehmen.

Mein Blickwinkel in diesem Buch ist in hohem Maße psychologisch, manchmal soziologisch – und vielleicht auch ein wenig philosophisch. Weichmacher gibt es nicht nur in Unternehmen. Sie sind, wie ich glaube, ein Phänomen unserer Gesellschaft. Auch deshalb ist dieses Buch kein Praxisratgeber mit Tipps für die erfolgreiche Führungskraft. Ich verstehe es als Denkanstoß, als geistige Provokation.

Mein Buch ist inspiriert von persönlichen Erfahrungen in der Medienbranche. Doch getragen wird es von meinem Glauben an die Kraft der Vernunft. Wer Weichmacher-Kulturen aufbrechen will, braucht den Mut zum harten, rationalen Diskurs. Gefragt ist aber eine Vernunft mit heißem Herzen, mit Leidenschaft und Liebe für Menschen – und für die Wahrheit. Eine Vernunft mit Zielen und Visionen, mit Sinn für intellektuelles Risiko. Eine Vernunft, die den Streit sucht, um etwas voranzubringen.

Konflikt kann bereichernd, ja erfüllend sein – selbst wenn man mal verliert. Boxer umarmen sich oft nach dem Kampf. Und das ist keine leere Geste. Man dankt einfach dem anderen für den fairen, aufrichtigen und anregenden Dialog.

TEIL I: DIE IDEOLOGIE

1 Der Harmonieeinstinkt oder: Der Weichmacher in uns

Wissen Sie, dieses Buch macht mir wirklich Sorgen. Ich habe kein gutes Gefühl. Schon mit dem Titel fängt es an. *Weichmacher* – das klingt ja ein bisschen nach »Gleichmacher«. Nach Kommunismus also. Oder wie »Weicheier«. Auch nicht schön. Das kann man leicht persönlich nehmen, finden Sie nicht?

Ich möchte wirklich niemandem zu nahe treten. Man weiß ja, wie empfindlich die Leute sind. Gerade in den Führungsetagen. Niemand möchte ein »Weichmacher« sein. Geschweige denn ein »Weichei«. Vielleicht könnte man wenigstens den Titel etwas entschärfen. Man muss ja niemanden vor den Kopf stoßen.

Wir wünschen uns doch alle mehr Harmonie. Was soll da schlecht daran sein?

Weichmacher hin oder her – das sind auch nur Menschen.

Übrigens bin ich durchaus selbstkritisch. Ganz ehrlich, es gibt bessere Chefs als mich. Kostenbewusstere, effektivere, konsequentere Leute. Leute mit mehr Wumms. Im Innersten meines Herzens bin ja selber ein Weichmacher. Das könnte man mir zum Vorwurf machen. Wasser predigen, Wein trinken. Wenn man selbst im Glashaus sitzt ... Man kennt das ja.

Vielleicht sollten wir noch ein paar Leute ins Boot holen. Das bringt bestimmt Synergieeffekte. Lassen Sie uns doch noch mal die Köpfe zusammenstecken. Man muss die Sache ja nicht übers Knie brechen. Was wäre denn Ihre gefühlte Entscheidung? Seien Sie ruhig offen zu mir. Ganz ehrlich, Ihr Feedback ist mir wichtig.

Glauben Sie mir: Ich habe schlaflose Nächte wegen der Sache. Fragen Sie meine Frau. Mein Coach sagt, ich soll das nicht so ernst nehmen. Es ist ja nur ein Buch. Habe ich Ihnen eigentlich schon erzählt, dass ich mich viel wohler fühle, seit ich mich coachen lasse? Ich glaube, dass ich anderen jetzt mehr Wertschätzung zeige. Und ich konzentriere mich mehr auf meine positiven Emotionen.

Ganz ehrlich, das bringt wirklich was.

Vielleicht sollten wir das Buch ja zusammen schreiben. Lassen Sie uns doch mal ein paar Takte brainstormen. Und vielleicht sollten wir uns noch mal mit dem Lektor zusammensetzen. Der hat doch auch immer gute Ideen. Autorenteams sind sowieso die Zukunft.

Wie, Sie haben Zweifel an der These des Buchs?

Ich kann das gut nachvollziehen. Glauben Sie mir, ich hatte die ganze Zeit schon ein komisches Gefühl. Lassen Sie uns doch einfach die These etwas modifizieren. »Harmonie verblödet« ist ja ohnehin zu hart. Sagen wir doch besser: »Harmonie ist nicht alles.« Das klingt schon viel versöhnlicher. Wie sehen Sie das?

Ich verstehe. Sie meinen also, das könnte immer noch missverstanden werden.

Wissen Sie, auf die Worte kommt es sowieso nicht an. Hauptsache, das Buch erscheint. Wir sollten dem Ganzen einen positiven Dreh geben. Warten Sie, wie wäre es mit »Die Reichmacher«? Reich werden will doch wirklich jeder. Andererseits: Man denkt da natürlich gleich an Heuschreckenkapitalismus.

Finden Sie wirklich, dass man das »reich« auch weglassen könnte?

Eigentlich haben Sie recht.

»Die Macher«. Klingt doch auch nicht schlecht.

Damit kann sich nun wirklich jeder identifizieren. Ein Macher wäre jeder gern.

Sehen Sie – und schon haben wir eine Lösung, mit der alle leben können. Eigentlich eine Win-win-Situation. Übrigens glaube ich, wir sollten uns beim Schreiben coachen lassen. Ich wüsste da jemanden. Wissen Sie, mir fällt wirklich ein Stein vom Herzen. Ich hätte nicht gedacht, dass das Buch jemals erscheint. Ein Buch mit dieser steilen These!

Harmonie ist ein süßes Gift. Anfangs zaubert es ein Lächeln aufs Gesicht. Dann dringt es in alle Glieder, führt zu Lähmungserscheinungen, zu Denkstörungen – und schließlich zu Hirn- und Herzstillstand. Harmonie ist eine gefährliche Droge. Und das Schlimmste ist: Sie wirkt bei fast jedem von uns.

Lieber stehen wir mit dem Kollegen am Kickertisch, als ihm mal ordentlich die Meinung zu geigen. Lieber hören wir uns stundenlang den größten Unsinn an, als uns auf eine aufreibende Diskussion einzulassen. Und am liebsten mögen wir Menschen, die genauso harmoniesüchtig sind wie wir.

In der Musik bedeutet Harmonie den Zusammenklang von Tönen. Der griechische Denker Pythagoras sah die »harmonia« sogar als göttliches Ordnungsprinzip – von der menschlichen Seele bis zu den Gestirnen am Firmament.

Harmonie – darunter verstehen wir heute Eintracht, Einigkeit und Frieden. Das Adjektiv »harmonisch« bedeutet laut *Duden* »im Einklang mit sich und anderen« oder auch »in gutem Einvernehmen stehend, lebend, arbeitend«. Menschen führen, wie es heißt, »harmonische Ehen«. Projekte verlaufen »harmonisch«. Menschen »harmonieren«, wenn sie »gut miteinander auskommen, in Frieden leben, sich vertragen«.

Harmonie – das klingt nach Friede, Freude, Eierkuchen.

Das Gegenteil von Harmonie ist nicht Disharmonie.

Es lautet Konflikt.

Konflikte haben einen schlechten Ruf. Man denkt an Zwietracht, an Hader und Hass. Konflikte verursachen Angstgefühle und Stress, sie treiben den Blutdruck in die Höhe und machen uns krank. Sie unterminieren Vertrauen, führen zu Trennung, zu Unruhen – und womöglich gar zu Krieg. Konflikte müssen deshalb »vermieden«, »beendet«, »gelöst« oder doch wenigstens »gemanagt« werden.

Harmonie dagegen ist scheinbar nur gesund. Zu allen Zeiten empfahlen die Denker ein harmonisches Leben als Pfad zum Glück. In vielen Kulturen gab es die Vorstellung von einem friedvoll-harmonischen Urzustand.

In Ovids Goldenem Zeitalter brauchte man weder Mobbing-beauftragte noch Konfliktmanagement. Die Menschen waren einfach freiwillig nett zueinander. Es herrschten Treue und Redlichkeit, sagt Ovid – ohne Strafe und Furcht: »Ohne Soldaten zu brauchen, lebten die Völker sorglos in sanfter Ruhe dahin.« Auch Adam und Eva führten im Paradies bekanntlich eine harmonische Beziehung – zumindest bis zum Sündenfall. Und der griechische Philosoph Empedokles von Akragas schwärmte vom »Zeitalter der Aphrodite« – einem Zusammenleben der Menschen in Liebe und Harmonie.

Bekanntlich blieb es dabei nicht. Bei Empedokles von Akragas entzweit schließlich der Streit die Menschen. Kain erschlug aus Neid seinen Bruder Abel. Und die griechischen Götter agierten auch nicht gerade als harmonisches Team.

Das Wellness-Rezept Harmonie war nicht sehr erfolgreich. Überall, so scheint es, herrscht bloß Zwietracht und Konflikt.

Einige Denker haben daraus den Schluss gezogen, der Mensch sei nicht für Harmonie geschaffen. Überlässt man die Menschen sich selbst, hauen sie sich gegenseitig die Köpfe ein. Und herrscht nicht schon in der Evolution ein gnadenloser Kampf, in dem nur die Stärksten überleben?

Der englische Philosoph Thomas Hobbes hielt den Menschen für eine Bestie. Im Naturzustand, so glaubte er, wollen Menschen einander schaden und verletzen – und sei es nur, weil sie »den gleichen Gegenstand zugleich begehren«. Der Mensch wolle daher keine »Gesellschaft um der Gesellschaft willen, sondern um von ihr Ehre und Vorteil zu erlangen«, schrieb Hobbes: Der Ursprung der menschlichen Beziehungen sei »nicht von gegenseitigem Wohlwollen, sondern von gegenseitiger Furcht ausgegangen«. Ohne Staat und Gesetze, so meinte Hobbes, herrscht bloß überall der »Krieg aller gegen alle«.

Auch für Sigmund Freud war der Mensch alles andere als ein »sanftes, liebesbedürftiges Wesen«. Vielmehr lauern in uns dunkle, zerstörerische Triebe. Das christliche Gebot der Nächstenliebe – einfach unrealistisch: Die geringste Provokation genügt, und schon bricht der Aggressionstrieb in uns durch. Andere berauben, demütigen, martern und töten – all das steckt nach Freud tief in uns:»Der Mensch ist des Menschen Wolf – wer hat nach allen Erfahrungen des Lebens und der Geschichte den Mut, diesen Satz zu bestreiten?« Die Existenz dieser Aggressionsneigung sei»das Moment, das unser Verhältnis zum Nächsten stört und die Kultur zu ihrem Aufwand nötigt«. Nach Freud sind es unsere angeborenen Triebe, die unsere Gesellschaft bedrohen. Die Kultur müsse daher »alles aufbieten«, um unseren Aggressionstrieben Schranken zu setzen:»Die Schicksalsfrage der Menschheit scheint mir zu sein, ob und in welchem Maße es ihrer Kulturentwicklung gelingen wird, der Störung des Zusammenlebens durch den menschlichen Aggressions- und Selbstvernichtungstrieb Herr zu werden.«

Allzu optimistisch war Freud in dieser Frage nicht.

Ähnlich düster sehen es manche Evolutionsbiologen. Auf dem Weg zu einem harmonischen Zusammenleben könnten wir von unserer biologischen Natur »wenig Hilfe« erwarten, meint etwa der Evolutionsbiologe Richard Dawkins. Menschen seien eben egoistisch geboren:»Wir sind Überlebensmaschinen, Roboter, blind programmiert zur Erhaltung der selbstsüchtigen Moleküle, die Gene genannt werden.«

Nach dem Bild von Hobbes, Freud und anderen ist der Mensch einfach ein verkappter Killer. Ständig müssen wir unsere destruktiven Neigungen unter Kontrolle halten. Ein harmonisches Zusammenleben hat die Biologie nicht vorgesehen. Ohne Gesetze herrschten überall nur Mord und Totschlag: Am besten wäre es, man schickte die ganze Menschheit in die Therapie – oder gleich in die Sicherungsverwahrung. Denn die Decke der Zivilisation ist bekanntlich dünn.

Soziale Gefühle

Dieses Menschenbild ist ziemlich deprimierend. Doch sehr wahrscheinlich ist es falsch. Heute zeichnet die Wissenschaft ein weitaus weniger düsteres Bild. Demnach schlummert in uns nicht bloß ein blinder Aggressionstrieb, sondern auch der Hang zu Altruismus, zu Fairness und Kooperation. Wir

sehnen uns nach Sicherheit, nach Vertrauen und Gemeinschaft. Keineswegs sind wir nur rücksichtslose Egoisten, die
bloß den eigenen Vorteil suchen. Im Gegenteil: Eigentlich
sind wir ganz freundlich und nett – auch wenn wir uns selbst
gar nicht so sehen wollen. Der US-Psychoanalytiker Adam
Phillips und die Historikerin Barbara Taylor stellen Freud sogar auf den Kopf. Sie sprechen von einem »Kindness Instinct«
(Freundlichkeitsinstinkt): »Freundlichkeit – nicht Sexualität,
nicht Gewalt, nicht Geld – ist unsere verbotene Lust.«

Schon Jean-Jacques Rousseau schrieb von einem »natürlichen Mitgefühl«. Der Mensch der Frühzeit, so glaubte er, hatte ein »angeborenes Unbehagen beim Anblick der Leiden seines Nebenmenschen«. Erst die moderne Zivilisation habe
den Menschen korrumpiert. Sogar Adam Smith, der geistige
Vater der freien Marktwirtschaft, verherrlichte in seiner *Theorie der ethischen Gefühle* keineswegs den selbstsüchtigen, nut-
zenmaximierenden »Homo oeconomicus«. Vielmehr konsta-
tierte er beim Menschen ein natürliches »Gefühl für das
Elend anderer«, das uns erlaubt, uns in die andere Person
hineinzuversetzen. Und auch Charles Darwin sah den Menschen als Gemeinschaftswesen, als »soziales Tier«. Unsere
sozialen Instinkte, so meinte er, brachten uns sogar einen
entscheidenden Überlebensvorteil, um uns gegen Feinde zu
schützen: »Alle Tiere, welche in Massen zusammenleben und
einander verteidigen, müssen in gewissem Grade einander
treu sein«, schrieb Darwin. Ausgerechnet der Entdecker des
Prinzips der »natürlichen Selektion« – ein früher Verfechter
des Teamgedankens.

In einer Reihe von Experimenten haben Hirnforscher gezeigt: Adam Smith hatte recht. Menschen verhalten sich nicht
wie selbstsüchtige Profitmaximierer. Vielmehr neigen wir zu
»nettem« Verhalten, auch wenn das zunächst etwas kostet
und uns überhaupt keinen Vorteil bringt. Mit anderen Worten: Wir tun Dinge, die eigentlich völlig irrational sind, jedenfalls unter klassischen ökonomischen Gesichtspunkten – bloß
weil wir nett sein und unsere Beziehungen mit anderen nicht
gefährden wollen.

In allen Kulturen gibt es zum Beispiel Normen, die auf dem
Prinzip der Gegenseitigkeit beruhen: Wir erweisen jeman-

dem einen Gefallen und hoffen, dass sich der andere dafür revanchiert. Das klingt irgendwie blauäugig und naiv – doch ohne dieses Prinzip, so glauben die Forscher, würden unsere sozialen Beziehungen nicht funktionieren.

Der US-Psychologe Robert B. Cialdini verschickte einmal nach dem Zufallsprinzip Weihnachtskarten an wildfremde Personen. Die meisten davon antworteten. Ein anderes Mal beobachtete der Forscher, wie Hare-Krishna-Anhänger Blumen an Passanten verteilten. Als sie anschließend um Spenden baten, konnte kaum einer der Beschenkten widerstehen – selbst dann nicht, wenn er die Blumen eigentlich gar nicht haben wollte. Nach dem gleichen Prinzip verschicken Unternehmen bekanntlich Werbegeschenke. Wer etwas von uns will, gibt uns etwas.

Wenn jemand freundlich zu uns ist, wird es schwierig, ihm nicht gleichfalls freundlich zu begegnen – was auch immer wir eigentlich von der Person halten.

Immer fragwürdiger wird auch das traditionelle Bild vom egoistischen Homo oeconomicus, der bloß darauf aus ist, seinen eigenen Nutzen zu maximieren. Mit Experimenten versuchen Ökonomen und Hirnforscher heute, die menschliche Neigung zu Fairness und Gegenseitigkeit besser zu verstehen.

Stellen Sie sich etwa folgendes Spiel vor. Jemand verfügt über einen Geldbetrag von zehn Euro. Nach den Regeln des Spiels kann er Ihnen entweder einen Teil davon anbieten – oder eben gar nichts. Mit dem Angebot ist das Spiel auch schon wieder zu Ende. Die Wissenschaftler nennen es deshalb »Diktatorspiel«. Nun eine Variante, das sogenannte »Ultimatumspiel«. Wieder macht Ihr Mitspieler sein Angebot – diesmal können Sie aber reagieren. Wenn Sie das Angebot annehmen, können Sie den angebotenen Betrag behalten. Wenn Sie jedoch ablehnen, gehen Sie beide leer aus – und das Geld geht an die »Bank«. Die entscheidende Regel bei dem Spiel ist, dass keine Verhandlungen möglich sind. Entweder Sie nehmen das Angebot an – oder eben nicht.

Wären wir bloß Egoisten, so müsste der »Anbieter« in beiden Fällen jeweils das geringstmögliche Angebot machen. Im Diktatorspiel kann der andere sowieso nicht darauf antworten. Im Ultimatumspiel hingegen müssten Sie eigentlich jedes noch so niedrige Angebot annehmen – wenig ist schließlich immer noch besser als nichts. Doch die tatsächlichen Forschungsresultate zeigen ein völlig anderes Bild. Im Diktatorspiel bieten viele zwar tatsächlich nichts an. Doch einige bieten immerhin fünf Euro. Das ist ziemlich nett – aber im Grunde irrational: Warum sollte man dem anderen einfach so fünf Euro schenken? Im Ultimatumspiel wiederum bieten viele fünf Euro an. Die Gegenseite wiederum neigt dazu, deutlich niedrigere Angebote abzulehnen. Das ist natürlich genauso unvernünftig – schließlich bekommen sie nun gar nichts. Anscheinend wollen die Spieler nett sein: Der Anbieter möchte seinen Vorteil nicht dazu ausnützen, um ein niedriges Angebot zu machen. Der andere wiederum akzeptiert nur Angebote, die er selbst als fair empfindet – auch wenn er selbst dadurch einen Nachteil hat. Interessanterweise verhalten sich kommunikationsgestörte Autisten in solchen Spielen genau so »rational«, wie man sich das eigentlich vom Homo oeconomicus erwartet: Im Schnitt machen sie um 80 Prozent niedrigere Angebote als psychisch gesunde Menschen – offenbar können sie die emotionale Reaktion der Gegenseite nicht antizipieren. Viele verstehen einfach nicht, dass ihre Mitspieler verärgert auf ihr knauseriges Verhalten reagieren.

Der Grund für unseren Hang zur Freundlichkeit scheint in bestimmten Hirnmechanismen zu liegen. So dürfte altruistisches Verhalten im Gehirn Lustgefühle und Motivation erzeugen. Bei unfairem Verhalten hingegen werden Hirnareale aktiv, die mit negativen Emotionen wie Angst zu tun haben. Bei einem Experiment bekamen Versuchspersonen einen Geldbetrag, den sie entweder einstecken oder für wohltätige Zwecke spenden konnten. Bei jenen, die das Geld spendeten, wurden die Belohnungszentren im Gehirn aktiv, die für die Ausschüttung von Dopamin zuständig sind. Und bei einigen Probanden war die Hirnaktivität in diesem Fall sogar stärker, als wenn sie das Geld einfach selbst behielten.

Es fühlt sich einfach gut an, nett zu sein. Jeder kennt das Lustgefühl, das es bereitet, jemandem ein Geschenk oder auch nur ein Kompliment zu machen. Einen Mitarbeiter zu loben verschafft mehr Befriedigung, als ihm zu erklären, wie katastrophal seine Leistungen sind. Lieber schauen wir in erfreute als in enttäuschte Gesichter. Und offenbar haben wir sogar einen angeborenen Moralinstinkt, der uns daran hindert, andere Menschen zu verletzen.

Stellen Sie sich folgende Situation vor. Auf einem Spaziergang sehen Sie plötzlich, wie ein leerer Güterwaggon eine Bahntrasse entlangrast – genau auf fünf Bahnarbeiter zu, die nichts von der Gefahr bemerken. Zufälligerweise stehen Sie unmittelbar neben einer Weiche. Wenn Sie die Weiche umlegen, rollt der Waggon auf ein Nebengleis – und die Arbeiter bleiben unverletzt. Allerdings überrollt der Waggon dann einen anderen Arbeiter auf dem Nebengleis. Würden Sie trotzdem die Weiche umlegen – und damit einen Menschen töten, um das Leben fünf anderer Personen damit zu retten?

Eine etwas andere Situation: Nun sehen Sie von einer Brücke aus, wie sich der Waggon auf die fünf Arbeiter zubewegt. Die einzige Möglichkeit, das Unglück zu verhindern, besteht darin, einen schweren Gegenstand vor den Waggon auf die Schienen zu werfen. Wie es der Zufall will, steht neben Ihnen ein Mann. Würden Sie ihn hinunterstoßen, um die anderen Arbeiter zu retten?

Neurowissenschaftliche Experimente haben gezeigt: Die meisten Menschen würden die erste Frage mit Ja beantworten, die zweite jedoch mit Nein. Dabei führen beide Szenarien zum gleichen Ergebnis: Man tötet einen Menschen, damit fünf andere überleben. Nach einer rein rationalen Überlegung müsste man beide Alternativen gleich bewerten. Doch irgendetwas scheint uns zu sagen, dass es moralisch verwerflicher ist, einen Menschen eigenhändig von der Brücke zu stoßen, statt ihn durch das Umlegen der Weiche zu töten. Offenbar haben wir einen natürlichen Instinkt, anderen Menschen keine physische Gewalt anzutun.

Unsere Fähigkeit zur Empathie scheint dabei eine wesentliche Rolle zu spielen. Harmonisches Zusammenleben hängt offenbar davon ab, dass wir die Gefühle anderer Menschen erkennen können. »Empathie spielt eine fundamentale Rolle in unserem Leben. Sie erlaubt uns, Emotionen, Erfahrungen, Bedürfnisse und Ziele miteinander zu teilen«, schreibt etwa der Hirnforscher Marco Iacoboni.

Unser Gehirn ist offenbar für Harmonie verdrahtet. Frauen, so heißt es, haben ein höheres Harmoniebedürfnis als Männer. Tatsächlich spricht einiges dafür, dass das weibliche Einfühlungsvermögen biologisch bedingt ist. Die Fähigkeit zur Empathie könnte Frauen geholfen haben, soziale Beziehungen aufzubauen und ihre Gemeinschaft zusammenzuhalten, während die Steinzeitmänner auf die Jagd gingen.

»Warum wird ein Mädchen mit einer derart hoch entwickelten Maschine geboren, um Gesichter zu lesen, die emotionale Färbung von Tönen zu erkennen und auf unausgesprochene Hinweise anderer zu reagieren?«, fragt die Neuropsychiaterin Louann Brizendine. Ihre Antwort: »Eine Maschine wie diese wird geboren für Verbindung. Das ist der Hauptjob eines Frauengehirns, und das ist es, was eine Frau von Geburt an antreibt. Das ist das Resultat von Jahrtausenden genetischer und evolutionärer Verdrahtung, die einmal – und wahrscheinlich immer noch – reale Konsequenzen fürs Überleben hatte.«

Wer Gesichter und Stimmen interpretieren könne, habe einen Überlebensvorteil, meint Brizendine – und wisse etwa, was ein Kind brauche: »Wenn Sie eine Frau sind, dann sind Sie darauf programmiert, soziale Harmonie sicherzustellen … Von frühester Kindheit an leben sie am angenehmsten und glücklichsten in friedlichen zwischenmenschlichen Verbindungen. Sie ziehen es vor, Konflikt zu vermeiden, weil Zwietracht sie in Widerspruch zu ihrem Drang bringt, mit anderen in Verbindung zu bleiben, Zustimmung und Zuwendung zu bekommen.« Während Männer oft Freude an Wettbewerb und Auseinandersetzung hätten, reagiere das weibliche Gehirn negativ auf Konflikte. Bei Frauen führe Konflikt mit größerer Wahrscheinlichkeit zu einer Kaskade von chemischen Reaktionen, die Gefühle von Stress, Ärger und Angst erzeugen. Brizendines Thesen vom »weiblichen Gehirn« sind zwar umstritten. Am höheren »Empathiequotienten« von Frauen gibt es allerdings wenig Zweifel. Unser Freundlichkeitsinstinkt scheint mit Hirnmechanismen zusammenzuhängen, die bei Frauen ausgeprägter sind als bei Männern.

Die Freundlichkeitsfalle

Menschen tun alles Mögliche, um Konflikten aus dem Weg zu gehen. Sozialpsychologen wissen das schon lang. In Experimenten sollten sich Versuchspersonen vor einem Publikum, das eine bestimmte Meinung zu einem Thema vertrat, zum gleichen Thema äußern. Regelmäßig passten die Probanden ihre Meinung an jene des Publikums an. Der Sozialpsychologe Thomas Gilovich erklärt das so: »Dieses Verhalten erlaubt uns, unangenehme Gefühle zu vermeiden ... Unstimmigkeit beschädigt oft unsere sozialen Beziehungen, und es ist daher verständlich, dass Menschen Übereinstimmung suchen, um Konflikt und Disharmonie zu vermeiden.« Zudem neigen wir dazu, Menschen zu mögen, die so sind wie wir selbst: »Also erkennen die Menschen tendenziell, dass sie das Risiko eingehen, abgelehnt zu werden, wenn sie eine abweichende Meinung zum Ausdruck bringen.«

Nach Ansicht des US-Sozialpsychologen Elliot Aronson gibt es zwei Hauptgründe, warum wir die Übereinstimmung mit anderen Menschen anziehend finden. Erstens halten wir Menschen, die unsere Ansichten teilen, für besonders klug. Und es ist immer lohnend, seine Zeit mit klugen Menschen zu verbringen. Zweitens geben sie uns eine Art soziale Bestätigung: Sie vermitteln uns das Gefühl, dass wir recht haben – ein angenehmes, belohnendes Gefühl. Folglich mögen wir Leute, mit denen wir übereinstimmen. Wenn wir erfahren, dass jemand unsere Ansichten teilt, dann glauben wir außerdem, dass uns diese Person mögen wird. Und ob wir diese Person mögen, hängt wiederum davon ab, ob sie uns Hinweise liefert, dass sie uns mag.

Die Sozialpsychologen wissen heute, wie sehr unser Freundlichkeitsinstinkt unsere Beziehungen zu anderen prägt. Unter bestimmten Umständen, so scheint es, können wir gar nicht anders, als nett zu sein. Blindlings tappen wir in die Freundlichkeitsfalle.

Der bloße Glaube, von einer anderen Person gemocht zu werden, kann nach Aronson eine ganze Sympathiekaskade auslösen. Angenommen Sie reden auf einer Party ein paar Minuten mit einem gewissen »Peter«, den Ihnen ein Kollege vorgestellt hat. Am nächsten Tag treffen Sie Ihren Kollegen im Büro. Der erzählt Ihnen, dass »Peter« noch ein paar nette Dinge über Sie gesagt hat. Wenn Sie »Peter« das nächste Mal treffen, werden Sie ihm wahrscheinlich freundlicher begegnen, als wenn Sie nicht wüssten, dass er sich positiv über Sie geäußert hat. Daraufhin wird »Peter« Sie wahrscheinlich noch mehr mögen als vorher, was wiederum Ihre Sympathie für »Peter« weiter verstärkt.

Aber was wäre, wenn der gemeinsame Kollege nicht die Wahrheit gesagt hätte? Was, wenn er die Geschichte nur erzählt hätte, um einen näheren Kontakt zwischen Ihnen und »Peter« herzustellen? Würde die »Verkuppelung« trotzdem funktionieren? Genau das versuchten Psychologen herauszufinden. Dazu brachten sie einen Probanden dazu zu glauben, dass er von einer anderen Person gemocht wurde; anderen erzählte man, dass sie von der gleichen Person abgelehnt wurden. Im weiteren Verlauf des Experiments zeigte sich, dass jene Personen, die sich »gemocht« fühlten, auch sympathischer auftraten. Sie erzählten mehr von sich selbst und widersprachen weniger als jene, die glaubten, dass sie nicht gemocht wurden. Und jene Probanden, die sich gemocht fühlten, wurden daraufhin von der anderen Person auch tatsächlich gemocht. Umgekehrt wurden jene Personen, die davon ausgingen, dass sie vom anderen nicht gemocht wurden, auch tatsächlich nicht gemocht. Mit anderen Worten: Die falsche Information produzierte laut Aronson eine Art »sich selbst erfüllende Prophezeiung«.

Oft bringt uns unser Freundlichkeitsinstinkt allerdings auch in einen inneren Konflikt.

Menschen, die uns loben, mögen wir lieber als Menschen, die uns negativ beurteilen. Die Frage ist nur, ob das auch immer gilt. Angenommen Sie präsentieren zwei Mitarbeitern eine neue Idee. Der eine nickt die ganze Zeit und erklärt Ihnen, dass er schon lange keine so tolle Idee mehr gehört habe. Der andere hingegen runzelt die ganze Zeit die Stirn. Nach der Besprechung kommt er zu Ihnen und erklärt Ihnen, dass er einige Überlegungen unstimmig findet. Am Abend denken Sie über die Sache noch mal nach und stellen fest, dass die Kritik des Mitarbeiters nicht ganz unberechtigt war.

Das bringt Sie dazu, die Präsentation in einigen Punkten zu verändern. Welchen von beiden Mitarbeitern werden Sie nun mehr mögen? Schwierige Frage. Natürlich freut einen das Lob des einen Mitarbeiters, aber genauso müsste man eigentlich dankbar für die kritischen Anregungen des anderen sein.

Interessanterweise mögen wir es zwar, gelobt zu werden. Andererseits kann eine negative Bewertung auch dazu führen, dass wir die bewertende Person mehr bewundern als vorher – wenngleich wir sie weniger mögen.

Angenommen Sie erstellen eine aufwendige PowerPoint-Präsentation. »Gute Arbeit«, lobt der Chef. Daraufhin werden Sie Ihren Chef mehr mögen als vorher. Zwei Tage später müssen Sie weitere Charts vorbereiten, doch diesmal stehen Sie unter Zeitdruck. Die Präsentation misrät zu einer trostlosen Textwüste. »Gute Arbeit«, sagt der Chef im gleichen Tonfall wie zwei Tage zuvor. Nun könnten Sie sich einerseits wieder über das Lob freuen. Andererseits könnten Sie die Bemerkung auch als unehrlich oder gar sarkastisch interpretieren. Schließlich wissen Sie ja, dass das Lob einfach nicht gerechtfertigt war.

Wir freuen uns zwar über Lob – aber wir werden nicht gerne manipuliert. Allzu überschwängliches Lob scheint uns verdächtig. Und wenn wir wissen, dass der Lobende einen Hintergedanken hat, mögen wir ihn viel weniger. Ähnlich ist es, wenn uns jemand einen Gefallen tut. Normalerweise freuen wir uns darüber. Aber sobald wir wissen, dass der andere dafür eine Gegenleistung erwartet, ist es mit der Sympathie wieder vorbei.

Gleichwohl ist es kinderleicht, unseren Freundlichkeitsinstinkt auszunützen – und unsere Vernunft zu überlisten.

Angenommen Sie plaudern auf einer Party ein paar Minuten mit einem Kollegen. Dabei stellt sich heraus, dass sie beide glühende Schalke-Anhänger sind, Motorrad fahren und Fans von Harald Schmidt sind. Am nächsten Tag erzählen Sie einem Kollegen, dass Sie eine unglaublich sympathische und kluge Person kennengelernt haben – obwohl das Gespräch auf der Party eigentlich nur wenige Minuten gedauert hat und Sie lediglich ein paar Vorlieben dieser Person kennen. Zahlreiche Experimente haben gezeigt: Wenn wir über eine

Person nur wissen, welche Meinung sie zu verschiedenen Themen hat, dann ist uns diese Person umso sympathischer, je ähnlicher ihre Vorlieben unseren eigenen sind – selbst wenn es eigentlich um relativ belanglose Dinge geht. Mehr noch: Wenn wir jemanden aus irgendeinem nebensächlichen Grund mögen, etwa weil er auf die gleiche Automarke steht wie wir, dann gehen wir davon aus, dass er uns auch in anderen, wichtigeren Eigenschaften ähnelt – obwohl es für diese Annahme eigentlich überhaupt keinen Grund gibt.

Der Weichmacher in uns

Die meiste von uns haben gelernt, ihre Aggressionen zu kontrollieren. Im Allgemeinen gehen wir nicht auf die Straße und hauen den Erstbesten um, bloß weil uns seine Nase nicht gefällt. Und wir schnauzen auch niemanden an, der uns halbwegs freundlich oder auch nur neutral begegnet. Selbst in einem voll besetzten S-Bahn-Zug geht es meist durchaus harmonisch zu. Einmal fuhr ich von München nach Berlin mit einem ICE, in dem sämtliche Toiletten ausgefallen waren. Ich staunte darüber, wie gelassen die Fahrgäste reagierten. Im Zug brach keineswegs der Volkszorn los. Als ich mich selbst, getrieben von einem inneren Bedürfnis, ziemlich aufgebracht beim Zugpersonal beschwerte, wurde ich von anderen Fahrgästen beschwichtigt. Natürlich gibt es unfassbare Gewalt auf den Straßen und in Familien. Aber wahr ist auch: Im Allgemeinen fällt es uns nicht schwer, die »Bestie« in uns zu bezähmen. Umgekehrt macht es uns Mühe, mal nicht nett und freundlich zu sein.

Der Weichmacher steckt in jedem von uns.

Häufig ist es einfacher, Konflikte zu vermeiden, als unseren Harmonieinstinkt zu unterdrücken. Genau das macht das süße Gift der Harmonie so gefährlich: Keiner ist dagegen immun.

Wir können unserem Harmonietrieb kaum widerstehen. Doch das eigentliche Problem liegt darin, dass wir dazu nicht »stehen« können. Ein Chef kann einem Mitarbeiter nicht sagen, dass er ihn nur deshalb gelobt hat, weil er sich dadurch besser fühlt. Und genauso wenig können wir eine freundliche Geste damit begründen, dass wir auf eine Gegenleistung hoffen – oder bloß einen Konflikt vermeiden wollen.

Die Konsequenz ist: Wenn wir Harmonie haben wollen, müssen wir lügen. Ohne Lügen würde das Zusammenleben nicht funktionieren. Einige Psychologen halten das Lügen sogar für eine Art soziale Kernkompetenz. Viele kulturelle Normen, Rituale und Höflichkeitsfloskeln dienen einfach dazu, Konflikte und Aggressionen zu vermeiden. Wenn Ihr unsympathischer Kollege Sie zum Mittagessen einlädt, werden Sie eher mit der Standardlüge »Sorry, ich habe leider keine Zeit« ablehnen, als ihm die Wahrheit entgegenzuschleudern: »Mit einem Arschloch wie Ihnen würde ich niemals zum Lunch gehen.«

In vielen Alltagssituationen ist Harmoniesucht kein Problem. Im Gegenteil,»prosoziale Lügen« können sogar äußerst funktional sein. Ohne sie kommen viele Interaktionen gar nicht zustande. Beim Autoverkäufer gehen wir natürlich davon aus, dass seine Freundlichkeit nur den Zweck hat, uns das teuerste Modell aufzuschwatzen. Trotzdem erwarten wir uns freundliche Beratung. Am Ende profitieren beide Seiten von einem harmonischen Verlauf des Verkaufsgesprächs: Der Verkäufer bekommt seine Prämie – und der Kunde hat das Auto, das er haben will.

Wenn Sie jemanden kennenlernen, werden Sie vermutlich nicht gleich erklären, dass Sie Sex wollen – selbst wenn dies das Einzige ist, was Sie wollen. Eher werden Sie nach irgendwelchen Dingen fragen, die Sie in Wahrheit überhaupt nicht interessieren. Beim ersten Kennenlernen, so zeigen Studien, flunkern wir besonders gern. Lügen gehört sozusagen zum »Spiel« – und was soll Schlimmeres passieren, als dass man eine Abfuhr kassiert.

Im Job und in der Partnerschaft ist es anders. Längerfristige Beziehungen basieren auf Transparenz, Ehrlichkeit und Vertrauen – und nicht bloß auf Harmonie. Die Lüge beim ersten Flirt ist schnell vergessen. Doch für eine Partnerschaft ist Unaufrichtigkeit auf die Dauer tödlich. »Harmonische« Beziehungen, in denen jeder Konflikt unterdrückt wird, enden irgendwann im Desaster.

Wir Harmonieidioten!

Manchmal tun wir die absurdesten Dinge, bloß um nett zu sein – und Konflikte zu vermeiden. In meiner Zeit als Chefredakteur legte mir eines Tages ein Redakteur sein Manuskript auf den Tisch. Es war so ziemlich der schlechteste Text, den ich seit Langem gelesen hatte. Der Artikel war einfach nicht »druckbar«, wie wir Journalisten sagen. Ich weiß, das klingt vielleicht etwas arrogant. Natürlich kann es sein, dass ich mich in meiner Einschätzung irrte – aber darauf kommt es nicht an. Nehmen Sie einfach an, dass der Text tatsächlich eine einzige Katastrophe war. Ich erklärte dem Mitarbeiter meine Kritikpunkte und bat ihn, seinen Artikel umzuschreiben. Die zweite Version war nicht besser als die erste. Ebenso wenig die dritte und die vierte. Ich war einigermaßen ratlos. Der Mann stand kurz vor der Pensionierung – es war wohl seine letzte Geschichte im Heft. Ich hatte ihn mit dem Artikel beauftragt, weil ich wusste, dass er sich mit dem Thema seit Langem beschäftigte. Nun wollte ich ihm die Enttäuschung ersparen, seine »Abschiedsgeschichte« einfach aus dem Heft zu nehmen. Also setzte ich mich hin und fing an, den Text umzuschreiben. Schließlich brachte ich fast zwei Tage damit zu. Vom ursprünglichen Manuskript blieb kaum etwas übrig. Am Ende rückten wir den Text ins Blatt.

Ich erzähle die Anekdote nicht, um mich einer besonderen »Heldentat« zu rühmen. Es geht mir um etwas anderes. Als ich dem Redakteur das umgeschriebene Manuskript zurückgab, fühlte ich mich unglaublich gut dabei. Eigentlich hätte ich den Mann auf den Mond schießen müssen. Stattdessen war ich ihm fast dankbar, dass er mir ein kleines Glücksgefühl verschafft hatte.

Das einzig Richtige wäre natürlich gewesen, diesen Text einfach nicht zu drucken, statt zwei Arbeitstage eines gut bezahlten Chefredakteurs dafür zu opfern. Doch der Weichmacher in mir sträubte sich dagegen. Ich wollte einfach nur nett sein – und verhielt mich komplett irrational.

Das gleiche Muster hält uns in vielen Fällen davon ab, andere Menschen zu kritisieren, Entscheidungen zu hinterfragen oder einfach nur zu sagen, was wir wirklich denken. Wir wollen niemanden verletzen oder eine Beziehung unnötig aufs Spiel setzen. Und wir fühlen uns auch noch toll dabei, wenn wir nett zu anderen sind – auch wenn das unseren Interessen eigentlich diametral widerspricht. Der Weichmacher in uns lässt sich nicht so leicht unterdrücken. Die geringste »Provokation« genügt – und schon starten wir eine Freundlichkeitsattacke. Das macht zum einen die Hoffnung, dass der Mensch doch nicht so schlecht ist, wie Hobbes, Freud & Co. dachten. Zum anderen schafft der Hang zum Nettsein aber auch Probleme.

Unser Harmonietrieb macht uns zu Opportunisten – und manchmal sogar zu Idioten. Unser Kuschelbedürfnis kollidiert ständig mit unserer Rationalität. Der Weichmacher in uns will es schön friedlich und bequem, wo wir eigentlich auf die Barrikaden steigen müssten. Er ist nicht bloß ein zwanghafter Lügner und Heuchler, sondern auch ein geborener Reaktionär.

Der Vater aller Dinge

Nicht Harmonie treibt die Dinge voran. Nicht Kuschelteams initiieren Veränderung.

Fortschritt entsteht aus Konflikt.

Zwei Arten von Streit gebe es, meinte schon der griechische Dichter Hesiod. Böser Streit sei destruktiv, er schaffe Feinde: »Er mehrt nämlich den Krieg, den bösen, mehret den Hader, kein Mensch hat ihn gern.« Doch die andere, die positive Art von Streit sei ein Motor der Kultur. »Der Streit ist gut für den Menschen.«

Für den Philosophen Heraklit bestand alles in der Welt aus Spannung und Gegensatz: »Der Krieg ist der Vater aller Dinge.« Nach Hegel entwickelt sich der Geist in Widersprüchen zu immer höheren Formen. Marx sah den Fortschrittsmotor im Klassenkonflikt. Joseph Schumpeter betrachtete Innovation als Akt der »kreativen Zerstörung« – auch nicht unbedingt eine Harmoniestrategie. Und Jesus forderte zwar, unsere Feinde zu lieben. Doch ein Weichmacher war er nicht. Zum Glauben, so verkündigte er, führt kein konfliktfreier

Weg: »Ich bin nicht gekommen, um Frieden zu bringen, sondern das Schwert.«

Die meisten würden nicht bestreiten, dass Konflikte notwendig sind. Selbst Freud hielt »Streit und Wettkampf« in der menschlichen Kultur für unentbehrlich.

Das Problem ist: Konflikte sind leider häufig unangenehm. Darum tut der Weichmacher in uns alles, um sie zu vermeiden. Überlegen Sie selbst, wie oft Sie schon gelogen, »schöngefärbt« oder etwas verheimlicht haben, nur um einem Streit auszuweichen. Würden Sie einem Kollegen ohne Weiteres erklären, dass Sie seinen Vorschlag für schwachsinnig halten? Unter welchen Umständen? In welchen Worten? Welche Anstrengungen würden Sie unternehmen, um ihn nicht persönlich zu verletzen? Und würden Sie die Kritik auch äußern, wenn Sie wüssten, dass Sie eine Stunde später mit ihm am Kickertisch stehen? Oder dass Sie abends auf ein Bier verabredet sind?

Dank Freud haben wir gelernt, uns mit unserer Aggressionsneigung auseinanderzusetzen. Viel seltener hinterfragen wir unseren Harmonie- und Freundlichkeitsinstinkt. Soziale Intelligenz bedeutet für viele, negative Emotionen besser zu kontrollieren – und Beziehungen harmonisch zu gestalten. Kein vernünftiger Mensch zweifelt daran, dass wir unsere Aggressionsneigung bändigen müssen. Doch zugleich lassen wir unserem Harmonietrieb oft freien Lauf.

Einige Psychologen halten immer noch jeden Menschen für einen potenziellen Aggressor. Wahr ist aber auch: In jedem von uns steckt auch ein potenzielles Kuschelmonster. Es braucht nur das richtige Biotop, und schon kommt es hervorgekrochen – und versprüht Freundlichkeit und Harmonie.

2 Seelenmassage oder: Wie Weichmacher in die Psychofalle tappen

Ich habe im Job schon lange keine wütenden Menschen mehr erlebt. Leute, die wegen irgendwas an die Decke gehen. Aus Empörung, aus Enttäuschung, aus Leidenschaft.

Wut – das ist was für Neukölln. Für jugendliche Gewalttäter mit Migrationshintergrund. Oder für Straßenproteste gegen Bahnhofsprojekte. An den Arbeitsplätzen der Mittelschicht ist sie heute verpönt.

Als ich vor 20 Jahren mit dem Journalismus anfing, erlebte ich noch cholerische Chefredakteure, die Mitarbeiter regelmäßig beschimpften und beleidigten. Ich erinnere mich an einen Chef vom Dienst, der für seine Wutanfälle gefürchtet war. Wenn er den Seitenspiegel zeichnete, kniete er am liebsten auf dem Tisch. Er konnte so laut brüllen, dass es im ganzen Haus zu hören war. Ich kannte eine Redakteurin, die einmal vor Zorn eine Schreibmaschine aus dem Fenster schmiss. Und ich hatte einen Kollegen, der bei Diskussionen in der Redaktionskonferenz derart in Rage geriet, dass er manchmal den Raum verlassen musste, bis er sich wieder beruhigt hatte.

Zugegeben: Irgendwann bekam er einen Herzinfarkt.

Dennoch liebte ich all diese Verrückten, diese Berserker und Besessenen, die für ihre Sache, für ihre Interessen und Überzeugungen kämpften – und wenn es nur eine Artikelüberschrift war. Heute würde man die meisten von ihnen zum Therapeuten schicken. Oder ihnen den Betriebsrat auf den Hals hetzen. Einige würde man rausschmeißen – und fast alle vermutlich gar nicht erst einstellen. Alle diese Leute verhielten sich in höchstem Maße sozial unangepasst. Man könnte auch sagen: Es fehlte ihnen an »emotionaler Intelligenz«.

Heute hingegen fällt in vielen Konferenzen oder Meetings kaum noch ein lautes Wort. Ich erlebe freundlich lächelnde Menschen, die niemanden anschreien oder, Gott bewahre!, beleidigen oder kränken wollen. Man »versteht« den Standpunkt des anderen. Man fühlt sich in seine Motive ein. Man geht aufeinander zu, man kritisiert nicht, man »ergänzt«. Man hat keinen Streit, sondern allenfalls ein »Kommunikationsproblem«. Moderne Führungskräfte zeigen Empathie, sie kontrollieren ihre Emotionen, sie »managen« ihre Beziehungen. So haben sie es in Führungsseminaren gelernt, so lesen sie es in Managementfibeln, so erzählt es ihnen ihr Coach.

Emotionale Intelligenz ist die Geheimwaffe der Weichmacher. Damit üben sie Macht aus, damit stellen sie ihre Gegner kalt – und damit versprühen sie das süße Gift der Harmonie. Weichmacher sind Produkte einer neuen »emotionalen Kultur«, die unser Arbeitsleben immer mehr durchdringt.

Es begann mit einem in Australien geborenen Bildungsbürger, der nur das Beste wollte.

Das Ende der Wut

George Elton Mayo (1880–1949) war ein Humanist. Er glaubte an Bildung – und an das Gute im Menschen. Zeitlebens warb er für humanere Führungsmethoden, für Zufriedenheit und Harmonie am Arbeitsplatz. Mayo war der Begründer der »Human-Relations-Bewegung« und einer der Wegbereiter der modernen Organisationspsychologie.

Mayo stammte aus einer hoch angesehenen Kolonialfamilie in Adelaide, Australien. Man verkehrte auf Teepartys und in literarischen Salons, man besuchte Konzerte und übte sich in gepflegter Konversation. Die höheren Familien waren schockiert, als die Folgen der Depression über die Gartenstadt schwappten. Plötzlich schossen Billardsalons, Wettbüros und Bordelle aus dem Boden. Der junge Mayo erlebte, was ein entfesselter Kapitalismus aus den Menschen machte.

Mayo studierte Philosophie und Psychologie. 1923 ging er in die USA und wurde schließlich Professor an der Harvard Business School. Sein wissenschaftliches Interesse galt den Auswirkungen der Industrialisierung. Der Großteil der amerikanischen Lohnempfänger arbeitete damals in Fabriken. In den Hawthorne-Werken in Chicago untersuchten Mayo und seine Mitarbeiter in einer mehrjährigen Studie den Zusammenhang zwischen Arbeitsbedingungen und Produktivität. Unter anderem wollten die Wissenschaftler herausfinden, wie äußere Faktoren wie Licht oder Temperatur die Arbeitsleistung beeinflussen. Dabei machten sie eine verblüffende Beobachtung, die als »Hawthorne-Effekt« in die Geschichte der Organisationspsychologie einging: Schon allein der Umstand, dass die Arbeiter beobachtet wurden, verbesserte ihre Arbeitsleistung.

Doch es gab etwas anderes, das Mayo noch mehr irritierte.

Der harmoniegewohnte Bildungsbürger Mayo war entsetzt über die aggressive Atmosphäre in der Fabrik. Überall traf er auf herumbrüllende Vorarbeiter, die ihren Zorn an der Belegschaft ausließen. Die Arbeiter wiederum waren wütend auf ihre Chefs. Zwischen Arbeitern und Vorgesetzten herrschte blanker Hass. Mayo und seine Mitarbeiter erkannten: Wut am Arbeitsplatz war ein Problem, das gelöst werden musste.

Die Managementideologie zu Mayos Zeiten zielte vor allem auf die Standardisierung und Rationalisierung des Produktionsprozesses. Frederick Taylors Lehre vom »wissenschaftlichen Management« gab die Richtung vor. Nach seiner Methode analysierte und zergliederte man die Arbeitsabläufe in den Fabriken. Der Zugang war technokratisch: Einen Arbeitsplatz fasste man als »System« auf, dessen Effizienz gesteigert werden musste. Der Taylorismus gilt zwar heute als Inbegriff unmenschlichen Managements, das nur kapitalistischen Profitinteressen diente. Allerdings zwang Taylors Methode die Manager auch dazu, sich näher mit dem »Faktor Mensch« in den Fabriken auseinanderzusetzen. Auch der Technokrat

Taylor war geschockt vom »cholerischen Missmut vieler Fabrikarbeiter«.

In den 1920er-Jahren begannen die Manager, Experimentalpsychologen zurate zu ziehen, um das Problem der Disziplin in ihren Unternehmen zu lösen. Intelligenz- und Persönlichkeitstests wurden damals bereits in der Armee eingesetzt. Nun wurde der Fabrikarbeiter zum Objekt wissenschaftlicher Untersuchungen. Die Psychologen kamen dabei zu einem überraschenden Ergebnis: Offenbar hing die Produktivität eines Arbeiters mehr von seinen Persönlichkeitsmerkmalen und Charakterzügen ab als von seiner Intelligenz.

Als einer der Ersten interessierte sich Mayo für die Emotionen am Arbeitsplatz. Unternehmen waren offenbar keineswegs rein rationale Organisationen, die technokratisch gelenkt werden konnten. Arbeitsbeziehungen hatten vielmehr einen durch und durch emotionalen und zwischenmenschlichen Charakter. Wut am Arbeitsplatz drückte nicht bloß auf die Stimmung – sie wirkte auch ineffizient und kontraproduktiv. In den Hawthorne-Werken befragten die Forscher die Arbeiterinnen zu den Gründen ihrer Wut. Ihre Interviews führten sie wie Psychotherapeuten. Mayos Anweisungen für die Gesprächsführung lesen sich wie moderne Ratgeber: »Wenden Sie Ihre ganze Aufmerksamkeit der Person zu, mit der Sie sprechen, und lassen Sie Ihre Aufmerksamkeit erkennen.« »Sprechen Sie nicht, sondern hören sie zu.« »Streiten Sie sich nicht; geben Sie keine Ratschläge.«

In der Hawthorne-Studie kam Mayo schließlich zu drei wesentlichen Schlussfolgerungen. Erstens hatte die Wut in vielen Fällen nichts mit der Arbeit selbst zu tun, sondern die Arbeiter brachten ihren Ärger meist schon von zu Hause mit. Mayo interpretierte die Konflikte am Arbeitsplatz als Folge von Persönlichkeitsproblemen und blockierten Emotionen. Zweitens genügte es oft schon, einem aufgebrachten Mitarbeiter einfach nur zuzuhören, um ihn wieder zu beruhigen. Ein paar verständnisvolle Worte, ein bisschen Mitgefühl – und ein Arbeiter, der sich eben noch über die ungerechte Behandlung seines Vorgesetzten beschwert hatte, »funktionierte« wieder. Drittens verlangte Harmonie am Arbeitsplatz offenbar genauso Zurückhaltung von den Chefs wie von den

Arbeitern. Ein wütender Arbeiter hatte offenbar emotionale Bedürfnisse – und es war die Aufgabe des Managements, sich um diese Bedürfnisse zu kümmern.

Mayo hielt Wutanfälle für Nervenzusammenbrüche. Die Aufgabe des Managers sah er darin, solche emotionalen Entgleisungen zu verhindern – und dabei auch die eigenen Gefühle zu zügeln. Die Grundsätze der Human-Relations-Bewegung veränderten die Arbeitskultur. Wut hatte am Arbeitsplatz nichts mehr verloren. »Ein guter Manager zu sein hieß zunehmend, die Eigenschaften eines guten Psychologen anzunehmen«, schreibt die israelische Soziologin Eva Illouz.

Die Ideen von Mayo kamen gerade zur rechten Zeit. Die Arbeit verlagerte sich von der Produktion immer mehr in den Dienstleistungsbereich. Führungskräfte in Großunternehmen mussten mit ihren Vorgesetzten ebenso umgehen können wie mit ihren Mitarbeitern. Und viele der neuen Angestellten hatten plötzlich mit Kunden zu tun. Ein Autoverkäufer konnte sich keine Gefühlsausbrüche leisten. In seinem Weltbestseller *Wie man Freunde gewinnt* (*How To Win Friends & Influence People*) schrieb der amerikanische Kommunikationstrainer Dale Carnegie schon 1936: »Selbst wenn Sie nach der Lektüre dieses Buches nur einen einzigen Rat befolgen – nämlich den, in Zukunft die Dinge auch vom Standpunkt des andern aus zu betrachten, dürfte es leicht möglich sein, dass Sie in Ihrer Karriere einen entscheidenden Schritt vorwärtskommen.«

In seinem Buch propagierte er »positives« Denken: »Kritik ist sinnlos, weil sie eine Person in die Defensive drängt und gewöhnlich dazu führt, dass sie versucht, sich zu rechtfertigen. Kritik ist gefährlich, weil sie den Stolz und das Selbstwertgefühl verletzt und Ablehnung hervorruft.« Statt andere zu verurteilen, meinte Carnegie, sollten wir versuchen, ihre Beweggründe zu verstehen: »Das ist viel gewinnbringender und faszinierender als Kritik; und es führt zu Sympathie, Toleranz und Freundlichkeit.«

Carnegie empfahl verschiedene Techniken, um das Verhalten von Mitarbeitern zu beeinflussen. Unter anderem riet er, Gespräche mit Lob und Wertschätzung zu beginnen, dem anderen zuzuhören – und eigene Fehler zuzugeben, bevor man

Kritik an anderen äußerte. Eine Führungskraft solle den Mitarbeiter ermutigen und ihm das Gefühl vermitteln, dass er die Arbeit, die man von ihm verlangte, auch gerne tat. Und nicht zuletzt solle man nie aufs Lächeln vergessen: »Es kostet nichts, aber es bringt viel.«

Im direkten Kundenkontakt war freundlich-optimistisches Lächeln gefragt – und wenn man dazu schauspielern musste. Carnegie hatte auch für diesen Fall einen Ratschlag parat: »Wenn Ihnen nun aber nicht nach Lächeln zumute ist? Was dann? Zwei Dinge. Zunächst: Zwingen Sie sich zu lächeln. Wenn Sie allein sind, zwingen Sie sich, eine Melodie zu pfeifen, zu singen oder zu summen.«

Emotionaler Kapitalismus

Für die israelische Soziologin Eva Illouz gehörten Mayo und Carnegie zu den Wegbereitern eines »emotionalen Kapitalismus«. Darunter versteht sie einen Prozess, in dem sich Wirtschaft und Psychologie wechselseitig durchdringen. Einer zunehmenden »Rationalisierung der Gefühle« stehe eine »Emotionalisierung des ökonomischen Verhaltens« gegenüber. Einerseits formt die Logik des Marktes unsere zwischenmenschlichen Beziehungen. Andererseits beeinflussen psychologische Denkmuster und Methoden immer mehr die Wirtschaft: »Zu wissen, wie man zwischenmenschliche Beziehungen aufbaut und pflegt, wird entscheidend dafür, wie man über wirtschaftliche Beziehungen denkt und sich diese vorstellt«, schreibt Illouz. In der Arbeitswelt habe sich ein moderner »emotionaler Stil« durchgesetzt, der geprägt sei durch die »Sprache der Therapie«.

Im Vordergrund steht die Idee der emotionalen Selbstkontrolle: Wer seine Emotionen steuern kann, gilt als stark und effizient – und hat zugleich ein Machtinstrument, um andere zu beherrschen. Unkontrollierte Gefühlsausbrüche hingegen erscheinen als Zeichen emotionaler Unreife oder psychischer Funktionsstörungen. »Die Psychologen machten emotionale Kompetenz zum neuen ›moralischen Eignungskriterium‹ der Führungskraft«, meint Illouz: »Emotional kompetent ist, wer zu erkennen gibt, dass er sein inneres Selbst beherrscht, indem er sowohl auf Distanz zu anderen geht (also Selbstkontrolle übt) als auch jene Empathie und Freundlichkeit an den Tag legt, die seine Bereitschaft und Fähigkeit zur Zusammenarbeit signalisiert.«

Nach Ansicht von Illouz hat unter anderem die psychologische Ratgeberliteratur dazu beigetragen, neue Modelle des Sozialverhaltens in den Unternehmen zu etablieren. »Seit den 1930er-Jahren betonten praktisch alle Leitfäden für erfolgreiches Management den Wert von positiver Sprache, Einfühlungsvermögen, Enthusiasmus, Freundlichkeit und Energie.«

Sich in den anderen hineinversetzen, nicht negativ kritisieren, niemanden in die Defensive drängen, eigene Fehler zugeben: So lernen wir es seit Jahren in Führungsseminaren, so steht es in allen Ratgebern, so hören wir es von Trainern und Coachs.

Seit den 90er-Jahren gibt es für alle diese Fähigkeiten einen einprägsamen Begriff: »Emotionale Intelligenz« (EI) gilt als die Wunderformel für unsere Arbeitsbeziehungen, fürs Privatleben – und unseren Weg zu Glück und Erfolg. Die Botschaft ist simpel: Wer seine Emotionen und die anderer Menschen versteht, wer sich in andere einfühlen kann, kommt mit seinem Leben besser zurecht. Emotional »ungebildete« Menschen hingegen stolpern von einer Katastrophe in die nächste – sie bilden quasi das seelische Prekariat der Gesellschaft.

Kaum ein anderes psychologisches Konstrukt hat in den letzten 15 Jahren mehr Popularität erlangt – von Coachs und Personalberatern bis zur breiten Öffentlichkeit. Dabei ist die Idee der emotionalen Intelligenz im Grunde uralt.

Schon Aristoteles glaubte an die Möglichkeit, Emotionen rational zu steuern: »So kann man mehr oder weniger Angst empfinden oder Mut, Begierde, Zorn, Mitleid und überhaupt Freude und Schmerz, und beides auf eine unrichtige Art; dagegen es zu tun, wann man soll und wobei man es soll und wem gegenüber und wozu und wie, das ist die Mitte und das Beste, und dies kennzeichnet die Tugend.« Mit seiner »Regel der Mitte« könnte Aristoteles als Coach oder Ratgeberautor heute wahrscheinlich viel Geld verdienen. So aber kann sich

der große Philosoph nicht mehr dagegen wehren, dass zweit-
klassige Trainer und Coachs mit seinem Zitat auf Klienten-
fang gehen.

Jahrhundertelang trennten die Denker allerdings strikt
zwischen Denken und Fühlen. Emotionen galten als blinde,
irrationale Triebe, von denen sich ein kluger Mensch tun-
lichst frei zu machen hatte. Nach Vorstellung der Stoiker etwa
kann wahre innere Unabhängigkeit nur derjenige erlangen,
der sich nicht von seinen Emotionen beherrschen lässt. Nur
wenige Denker stellten sich gegen die Vorherrschaft der Ra-
tio – wie etwa der Franzose Blaise Pascal, der Emotionen sogar eine Art Intelligenz zusprach: »Unser Herz hat Gründe,
von denen die Vernunft nichts weiß.«

Erst in den letzten Jahrzehnten des 20. Jahrhunderts rückten die Emotionen stärker in den Vordergrund. Die Vernunft
erschien vielen plötzlich maßlos überbewertet. Die 68er-Be-
wegung richtete sich gegen den autoritären Geist der alten
Eliten. Sie war aber auch eine emotionale Rebellion, ein Auf-
begehren der Gefühle gegen den »unmenschlichen« Rationa-
lismus der kapitalistischen Welt.

Intelligenz der Gefühle

Der Begriff der »emotionalen Intelligenz« entstand eigentlich
aus Unzufriedenheit mit dem klassischen Intelligenzmodell.
Bei Untersuchungen zeigte sich nämlich, dass der IQ nicht
ausreicht, um den Lebenserfolg vorherzusagen: Hochintelligente Menschen scheitern oft im Beruf oder im Alltag. Einige
Forscher versuchten deshalb, den Intelligenzbegriff weiter
zu fassen.

Der Psychologe Howard Gardner setzte der konventionellen, monolithischen Vorstellung von Intelligenz das Modell
einer »multiplen Intelligenz« entgegen, die aus mindestens
sieben verschiedenen Intelligenzformen besteht. Dazu zählte
er neben verbalen, mathematisch-logischen, räumlichen oder
musikalischen Fähigkeiten auch die »personale Intelligenz«.
Darunter verstand er die Fähigkeit, andere Menschen zu führen, Beziehungen und Freundschaften zu pflegen, Konflikte

zu lösen und soziale Prozesse zu analysieren. Gardner unterschied dabei zwischen »interpersonaler« und »intrapersonaler« Intelligenz. »Interpersonale Intelligenz ist die Fähigkeit, andere Menschen zu verstehen: was sie motiviert, wie sie arbeiten, wie man kooperativ mit ihnen zusammenarbeiten kann ... Intrapersonale Intelligenz ist die entsprechende, nach innen gerichtete Fähigkeit. Sie besteht darin, ein zutreffendes, wahrheitsgemäßes Modell von sich selbst zu bilden und mithilfe dieses Modells erfolgreich im Leben aufzutreten.«

Die Idee einer »interpersonalen« oder »sozialen« Intelligenz war immer schon umstritten. Einige Psychologen hielten diese Fähigkeit für einen Aspekt der konventionellen Intelligenz, anderer verstanden darunter schlicht die Fähigkeit, andere Menschen zu manipulieren. Erst allmählich setzte sich die Erkenntnis durch, dass sich »soziale Intelligenz« von jener Form der Intelligenz unterscheidet, die mit klassischen IQ-Tests gemessen wird – und dass diese »soziale« oder »praktische« Intelligenz für den Lebenserfolg wichtig sei.

Bereits vor 20 Jahren definierten die US-Psychologen Peter Salovey und John D. Mayer »emotionale Intelligenz« als die »Fähigkeit, die eigenen Gefühle und die anderer zu beobachten, zwischen diesen zu unterscheiden, und diese Informationen zu benutzen, um das eigene Denken und Handeln anzuleiten«. Später gliederten sie ihr Modell in vier verschiedene Fähigkeiten, die untereinander in Beziehung stehen. Die erste Fähigkeit ist das Erkennen von Emotionen wie Wut oder Angst. Die zweite besteht darin, Emotionen angemessen einzusetzen, etwa für das Lösen von Problemen. Die dritte Fähigkeit bezieht sich auf das Verstehen und richtige Deuten von Emotionen. Die vierte schließlich ist die Fähigkeit, die eigenen Emotionen und jene anderer Menschen zu beeinflussen, um bestimmte Ziele zu erreichen. Salovey und Mayer entwickelten auch den ersten psychologischen Test, um emotionale Intelligenz wissenschaftlich präzise zu messen. Die Forscher stellten die Hypothese auf, dass sich bestimmte Lebensaufgaben mit emotionaler Intelligenz besser lösen lassen. Mit spektakulären Verheißungen hielten sich die Wissenschaftler allerdings zurück.

Der Hype um die emotionale Intelligenz begann allerdings erst 1995 mit den Büchern des Psychologen und Journalisten Daniel Goleman. Die Bücher brachten es auf die Bestsellerliste der *New York Times*, das Thema auf das Titelblatt des *Time Magazine*. Die Idee der emotionalen Intelligenz elektrisierte Manager und Wissenschaftler gleichermaßen.

Der EI-Hype passte perfekt zum »emotionsfreundlichen« Zeitgeist.

Zum einen liefert die Hirnforschung offenbar den Beweis, wie sehr Emotionen unser scheinbar rationales Denken und Handeln beeinflussen. Emotionen wie Angst warnen uns vor Gefahren. Menschen ohne »Bauchgefühl« treffen falsche Entscheidungen. Und Menschen mit schweren emotionalen Defiziten scheitern im Leben. Plötzlich interessierten sich auch Manager und Berater für neuronale Belohnungskreisläufe oder die unbewussten Reaktionen ihres »Reptiliengehirns«. Einschlägige Ratgeber priesen die »Weisheit der Gefühle«. Die Botschaft ist klar: Wir alle sollten mehr auf unsere Intuition vertrauen – statt bloß auf die kühle, herzlose Vernunft.

Zugleich propagiert die »positive Psychologie« ihre Konzepte für Glück und Zufriedenheit. Früher habe sich die Psychologie nur auf seelische Krankheiten konzentriert, meint etwa der Psychologe und Bestsellerautor Martin Seligman. Die positiven Psychologen hingegen stellen positive emotionale Erfahrungen wie Zufriedenheit oder Selbstwertgefühl in den Vordergrund.: »Die gewünschten Ergebnisse der positiven Psychologie sind Glück und Wohlbefinden«, schreibt Seligman in seinem Buch *Der Glücksfaktor.*

Wie die positive Psychologie glaubt auch Goleman, dass emotionale Intelligenz unser Leben besser macht. Emotionale Unbildung, so lautete die zentrale These in Golemans erstem Buch (*Emotionale Intelligenz*), ist verantwortlich für viele gesellschaftliche Probleme – von Kriminalität bis zu Scheidungsraten und psychischen Krankheiten. Im Job schöpfen Menschen ihr Potenzial nicht aus, weil sie mit ihren Emotionen nicht umgehen können. Arbeitszufriedenheit und Produktivität leiden unter der Unfähigkeit, mit anderen zu kommunizieren. Kurz gesagt: Emotionale Idioten straucheln im Leben – wie intelligent und begabt sie sonst auch sein mögen. Sie haben ihre Beziehungen mit anderen nicht im Griff, verstricken sich in sinnlose Konflikte und taumeln von einer negativen Erfahrung zur nächsten. Emotionale Intelligenz hingegen fördere das Teamwork, sie erhöhe die Arbeitszufriedenheit, sie entscheide über den Erfolg im Job – und letztlich sogar über unser Lebensglück. Und brauchen wir nicht auch mehr emotionale Intelligenz, um unsere gesellschaftlichen Probleme zu lösen?»In unserem Zeitalter sind die Kräfte und Fähigkeiten des Herzens genauso lebenswichtig wie die des Kopfes. Rationalität und Mitgefühl müssen ins Gleichgewicht gebracht werden«, schreibt Goleman.

Wer würde da widersprechen!

Emotionale Intelligenz war das sympathische Gegenmodell zum elitären Intelligenzbegriff. Golemans Vision richtete sich unter anderem gegen den umstrittenen Bestseller *The Bell Curve*, der Anfang der 90er-Jahre für heftige Diskussionen sorgte. Die beiden Autoren behaupteten darin, dass genetisch fixierte Intelligenzunterschiede über den Lebenserfolg entscheiden. Der EI-Hype bestätigte scheinbar all jene, die den IQ immer schon für maßlos überbewertet gehalten hatten. Ahnte man nicht immer schon, dass hochintelligente Menschen oft am Leben scheitern? Und kannte nicht jeder irgendeinen verschrobenen Nerd, der zwar gut rechnen, aber nicht mit Menschen umgehen konnte?

EI versprach eine Art ausgleichende Gerechtigkeit. Hochintelligente und womöglich auch noch gut ausgebildete Menschen sind in unserer Gesellschaft nicht besonders beliebt. Intellektuelle »Überflieger« ziehen Neid und Hassgefühle auf sich. Da war es für viele beruhigend zu hören, dass es auf Intelligenz gar nicht so sehr ankommt. Jemand mag intelligenter sein, weil er das Glück hatte, mit den besseren Genen zur Welt gekommen oder von seiner Umwelt besser gefördert worden zu sein. Emotionale Intelligenz hingegen, so behaupteten Goleman und seine Anhänger, kann jeder lernen: »Der IQ trägt höchstens 20 Prozent zu den Faktoren bei, die den Lebenserfolg ausmachen, sodass über 80 Prozent auf andere Kräfte zurückzuführen sind«, so Goleman. Damit suggerierte er natürlich den Eindruck, dass die restlichen 80 Prozent etwas mit emotionaler Intelligenz zu tun haben.

Vor allem in den USA eroberte Golemans Botschaft die Populärkultur. Die einflussreiche Startalkerin Oprah Winfrey schwärmte vor ihrem Millionenpublikum:»Ist es nicht aufregend zu wissen, dass man klüger ist, als man denkt? Weil der Erfolg im Leben, in Beziehungen, in der Familie und bei der Arbeit nicht wirklich davon abhängt, wie gut man in der Schule war, oder von irgendwelchen Testergebnissen oder sogar von einem hohen IQ. Er hängt von etwas ganz anderem ab, und zwar von etwas, das zu verändern man selbst in der Hand hat. Man nennt es emotionale Intelligenz ... Das Beste daran: Anders als deinen IQ, der so ziemlich in Stein gemeißelt ist, kannst du deinen EQ tatsächlich steigern und emotional klüger werden.«

In seinen Büchern erfand Goleman nichts grundsätzlich Neues; im Wesentlichen erweiterte er nur das ursprüngliche EI-Modell und brachte es auf eine griffige Formel. Dazu rührte er eine ganze Reihe von Fähigkeiten und Persönlichkeitsmerkmalen zu einem bunten Mix zusammen. Goleman unterscheidet zwischen»persönlichen«und»sozialen«Kompetenzen. Zu ersteren rechnete er unter anderem emotionale Selbstkontrolle, Gewissenhaftigkeit und Vertrauenswürdigkeit ebenso wie Selbstvertrauen. Zu den sozialen Kompetenzen zählt Goleman Empathie und die Fähigkeit zu Konfliktlösung, Teamwork und Kooperation.

Nach Golemans Modell ist emotionale Intelligenz nicht nur ein Rezept für mehr Erfolg im Leben – sondern auch für Glück und Harmonie.

Wie emotionale Intelligenz funktioniert, erklärte Goleman in einem *Spiegel*-Interview an einem Negativbeispiel:»Sagen wir, eine Ehefrau ärgert sich. Aber sie sagt nicht: Schatz, wenn du deine schmutzigen Socken auf dem Fußboden liegen lässt, damit ich sie aufhebe, habe ich das Gefühl, dass du mich nicht respektierst. Ich würde mich viel besser fühlen, wenn du sie aufheben würdest. Sondern sie sagt: Du bist das schlimmste Ferkel, das ich kenne ... Die Botschaft ist persönliche Ablehnung, der Streit eskaliert: Du bist nicht nur das größte Ferkel, sondern hast noch zehn zentrale Macken, die mich schon seit Jahren nerven ... So kann ein Streit völlig außer Kontrolle geraten.«

Der Erfolgsquotient?

In seinem zweiten Bestseller *EQ² – Der Erfolgsquotient* beschrieb Goleman die EI auch als zentralen Erfolgsfaktor im Job. Emotional kompetente Mitarbeiter haben etwa die Fähigkeit, andere zu beeinflussen. Zum einen erfassen sie die Gefühle und Bedürfnisse anderer Menschen. Zum anderen verfügen sie über Fertigkeiten,»erwünschte Reaktionen in anderen hervorzurufen«. So soll die »Empathiekompetenz« Führungskräften dabei helfen, die Gefühle ihrer Teammitglieder zu verstehen. Der Verkäufer wiederum macht mehr Umsatz, weil er die emotionalen Reaktionen des Kunden besser zu deuten versteht. Umgekehrt könne ein Mangel an EI Unternehmen erheblichen Schaden zufügen.

»Im Schnitt ließen sich fast 90 Prozent ihres Führungserfolges auf emotionale Intelligenz zurückführen«, behauptete Goleman: »Zusammengefasst: Für herausragende Leistungen in allen Berufen und in jedem Bereich ist emotionale Kompetenz doppelt so wichtig wie rein kognitive Fähigkeiten.« Und auf den höchsten Führungsebenen lasse sich Erfolg sogar »praktisch zu 100 Prozent mit emotionaler Kompetenz erklären«.

Golemans Begründung klingt zunächst plausibel.

Erstens könnten emotional intelligente Führungskräfte ihre Ideen, Ziele und Absichten überzeugender vermitteln. Führungskräfte mit hohem EQ, so die Behauptung, lösen Begeisterung und Optimismus aus, sie schaffen eine Atmosphäre der Kooperation und motivieren ihre Mitarbeiter. Zweitens soll emotionale Intelligenz die Zusammenarbeit im Team fördern. Drittens würde EI die zwischenmenschlichen Beziehungen am Arbeitsplatz verbessern – und schließlich auch die Fähigkeit, mit Druck, Stress und Unsicherheit zurechtzukommen.

Hinter diesen Behauptungen steht eine Art Glücksideologie: Gute Stimmung und positives Denken machen leistungsfähig. Also müssen Führungskräfte für das emotionale Wohlbefinden ihrer Mitarbeiter sorgen. Das ist wieder George Elton Mayos alte Vision von Harmonie am Arbeitsplatz.

EI ist vor allem ein Riesengeschäft – zumindest für Perso-

nalberater, Motivationstrainer und Coachs. Die internationale Unternehmensberatung Hay Group etwa arbeitet direkt
mit Goleman zusammen. Unter anderem rühmt man sich, zusammen mit dem EI-Visionär ein Konzept entwickelt zu haben, das die Effektivität von Managern vorhersagt. Auf der
Website der Hay Group finden sich kühne Behauptungen, die
den fantastischen Nutzen der EI untermauern sollen. So sei-
en Softwareentwickler mit hoher EI in der Lage, Programme
dreimal so schnell zu entwickeln. Verkaufsberater mit hoher
EI machten doppelt so viel Umsatz wie ihre Kollegen – und
Unternehmensberater, die nach ihrem EI-Grad ausgewählt
wurden, erzielten gar »139 Prozent mehr Aufträge als andere
Partner«. Zugleich interessieren sich die Personalentwickler
immer mehr für die emotionalen Kompetenzen von Jobbewer-
bern. »Fakt ist, dass man sich in Bewerbungsverfahren auch
immer auf eine Überprüfung der emotionalen Intelligenz
mittels eines EQ-Tests einstellen muss«, heißt es etwa im
»Karriereguide« der Jobbörse Absolventa.

Wissenschaftlich gilt das EI-Konzept als umstritten. Unter
anderem wirft man Goleman und seinen Anhängern vor, dass
sie in ihrem »Mischmodell« erlernbare Fähigkeiten mit Persönlichkeitsmerkmalen vermischen. Einige Kritiker meinen
sogar, das Konzept gehe nicht wesentlich über das bekannte
Big-Five-Modell der fünf zentralen kognitiven Persönlichkeitsmerkmale (emotionale Stabilität, Extraversion, Offenheit für
Erfahrungen, Freundlichkeit/Verträglichkeit, Beharrlichkeit/
Gewissenhaftigkeit) hinaus.

In einem Fachartikel haben die Forscher Moshe Zeidner,
Gerald Matthews und Richard D. Roberts die Rolle der emotionalen Intelligenz im Unternehmen näher unter die Lupe genommen. In ihrer Arbeit ziehen sie das Resümee, »dass die
gegenwärtige Begeisterung über den potenziellen Nutzen der
emotionalen Intelligenz am Arbeitsplatz verfrüht oder sogar
verfehlt ist«. So lässt sich etwa die Bedeutung emotionaler
Kompetenzen für den Joberfolg empirisch kaum belegen. »Arbeit und Emotionen stehen in einer reziproken Beziehung«,
schreiben Zeidner, Matthews und Roberts: »Erfolg und Miss-
erfolg am Arbeitsplatz erzeugen Emotionen, die sich wiederum auf die Job-Performance auswirken.«

Zeidner und seine Kollegen raten daher davon ab, das EI-Modell für das Bewerber-Assessment einzusetzen. Stattdessen sollte man EI nur verwenden, wenn es die Jobbeschreibung verlangt – etwa bei Tätigkeiten, die ein besonderes Maß an Empathie oder Fähigkeit zur Konfliktlösung erfordern. Eine Stewardess zum Beispiel, die aufgebrachte Passagiere beruhigen und positive Gefühle ausstrahlen soll, braucht sicherlich mehr EI als ein Programmierer.

Zu ähnlichen Ergebnissen kamen die Organisationspsychologen Dana L. Joseph und Daniel A. Newman. Für eine aktuelle Untersuchung haben sie 100 Einzelstudien ausgewertet, um den Einfluss der emotionalen Intelligenz auf die Arbeitsleistung zu untersuchen. Dabei kamen sie zu einem ernüchternden Ergebnis. Zwar lassen sich 15 Prozent der Leistungsunterschiede auf emotionale Intelligenz zurückführen. Allerdings ist die konventionelle, kognitive Intelligenz mindestens genauso wichtig – und sie sagt die Arbeitsleistung auch um ein Vielfaches besser voraus. Anscheinend hängt die Bedeutung emotionaler Kompetenzen stark von der Art der Arbeit ab. Bei »emotionaler Arbeit«, etwa bei Verkäufern, die ständig im direkten Kundenkontakt stehen, spielt die Emotionskontrolle eine größere Rolle. Bei weniger emotionalen Tätigkeiten hingegen ist die emotionale Intelligenz oft unwichtig – ja sie kann sogar zu schlechteren Ergebnissen führen.

Diese ernüchternden Befunde ändern allerdings nichts daran, dass die Konzepte der emotionalen Intelligenz immer mehr in die Coach- und Trainerszene und damit auch in die Unternehmen durchsickern (siehe Kapitel 4).

Seelenmanager

Der Unternehmensberater und Autor Reinhard K. Sprenger wettert gegen die »Kumpanei von Management und Psychologie«: »Unzweifelhaft hat der Psycho-Boom in den Unternehmen zu der umgreifenden Misstrauens- und Manipulationskultur beigetragen. Führungskräfte beziehen nämlich psychologische Denkmodelle in der Regel nicht auf sich selbst als Methodenvorschläge zur Selbsterkenntnis, sondern als Führungs-›Techniken‹.« Die Psychologie habe sich zum »Schlüsselinstrumentarium zur Lenkung von Individuen« entwickelt, meint Sprenger: »Die gesamte Psychologisierung der Kooperationsverhältnisse in den Unternehmen ist ein Irrweg. Sie ist eine Philosophie, die Buße tut – Buße für die unheimlichen Folgen des Ich-bin-Sagens, der Individualität. Sie hat die Unverstehbarkeit des Individuellen verschüttet, indem sie es zu erhellen vorgab«, schreibt Sprenger.

Hinter der Polemik steckt ein Kern Wahrheit.

Weichmacher sind Gleichmacher. Im Grunde wollen sie angepasste Mitarbeiter. Die Psychologie liefert dafür den ideologischen Überbau – und zugleich das Instrument, um sich selbst und andere »passend« zu machen.

Psychologie macht spröde Individuen elastisch – die ideale Führungsmethode für jede Harmonie- und Wohlfühlkultur. Der »wertgeschätzte« Mitarbeiter macht keinen Ärger. Emotionale Intelligenz sorgt für Geschmeidigkeit in den Interaktionen. Und jeder kann sich darauf verlassen, dass der andere genauso verlässlich reagiert wie man selbst. Reinhard K. Sprenger fürchtet gar den Untergang des Individuums: »Das alles ist Psychosozialismus durch die Hintertür. Er appelliert an die Angst und den Selbstzweifel der Menschen. Er nutzt die Sehnsucht vieler Menschen, sich selbst und ihr Leben zu ›verbessern‹ … Der ganze riesige Personalentwicklungszirkus geht von ein und derselben Voraussetzung aus: Wenn man Menschen zur Leistung führen will, dann muss man sie die ›richtige‹ Methode lehren, ihre Eigenarten ausbügeln und so den Menschen perfektionieren. Kurz: Die Einzigartigkeit der Person stört.«

Emotionale Intelligenz ist eine äußerst subtile Form von Manipulation. Weichmacher benutzen keine fiesen Psychotricks, um Mitarbeiter in die Enge zu treiben – dafür sind sie viel zu nett. Vielmehr üben sie einen unterschwelligen, kaum spürbaren Anpassungsdruck aus. Eine Weichmacher-Kultur biegt sich die Menschen gleichsam zurecht.

Mir graut vor Führungskräften, die nur noch Dinge tun oder sagen, die ihnen positive Emotionen verschaffen. Ich misstraue einer Kultur der »Wertschätzung«, die auf Harmo-

niesucht basiert. Und ich habe Angst vor emotional gleichge-
schalteten Menschen, die nur noch mit guten Gefühlen durchs
Leben gehen.

Die Aufgabe von Unternehmen besteht nicht darin, positive Gefühle zu fördern. Manager sind keine Coachs oder gar
Therapeuten. Ihre Aufgabe kann nicht darin liegen, Mitarbeitern dabei zu helfen, ihr wahres Selbst zu realisieren.

Kaum etwas fürchten Weichmacher mehr als miese Stimmung. Wenn es im »Team« rumort, werden auch sie unruhig.
Wenn die nächste Mitarbeiterbefragung ins Haus steht, ziehen sie alle Register, um wieder mal »positive Gefühle« zu
verbreiten.

Happyology

Auf den ersten Blick lässt sich der Wert von Optimismus und
»positivem Denken« kaum bestreiten. Einen Bewerber mit
positiver Ausstrahlung wird man eher einstellen als jemanden, der schon beim Vorstellungsgespräch einen miesepe-
trigen Eindruck vermittelt. Gleichwohl habe ich bei so viel
positivem Denken kein »gutes Gefühl«.

Vor einigen Jahren stand ich als Ressortleiter in einer Wirt-
schaftszeitung vor folgender unangenehmer Situation. Im
Zuge von Einsparungsmaßnahmen mussten wir Redakteure
entlassen. Auch in meinem Ressort sollte ein Mitarbeiter »ab-
gebaut« werden. Ich hatte die Wahl, auf wen ich verzichten
wollte. In Betracht kamen zwei Redakteure, die ungefähr
gleich gut waren und praktisch das gleiche Gehalt bekamen.
Ich mochte beide gern – wenn auch auf unterschiedliche Art.
Der eine war ein »Sonnyboy« – immer gut gelaunt, zu Scher-
zen aufgelegt und optimistisch. Der andere war das genaue
Gegenteil. Wo der eine die Sonne aufgehen sah, ging der andere von der größtmöglichen Katastrophe aus. Zugleich stand
er der Chefredaktion äußerst kritisch gegenüber und nahm
sich auch kein Blatt vor den Mund. Kaum schaltete er morgens den Computer ein, fing er auch schon an, über irgendwelche seiner Meinung nach desaströsen Fehlentscheidungen herzuziehen.

Kurz gesagt, der Mann war eine richtige »Stimmungskanone«.

Nach längerem Überlegen entschied ich schließlich, mich von dem Pessimisten zu trennen. Ich meine mich zu erinnern, dass ich kurz davor Golemans Bücher gelesen hatte. Jedenfalls hielt ich meine Entscheidung damals für »emotional intelligent«. Meine Überlegung war: Wenn wir den Optimisten rauswerfen, wird der Pessimist vermutlich völlig zusammenbrechen – und nur noch negative Stimmung verbreiten. Im umgekehrten Fall bestand zumindest die Chance, dass der Optimist einen gewissen Rest seiner guten Laune behielt. Und ich redete mir sogar ein, dass ich dem Pessimisten damit geradezu einen Gefallen tun würde – indem ich ihn nämlich vor dem Absturz in die völlige Depression bewahrte.

Ich habe die Entscheidung zwar nicht bereut. Allerdings frage ich mich heute, ob es nicht auch ganz anders hätte laufen können. Vielleicht hätte der Pessimist aus purer Wut noch mal richtig Gas gegeben. Und vielleicht hätten wir genau in der damaligen Situation, in der sich die Zeitschrift befand, einen derart unverblümten Kritiker gebraucht.

Tatsache ist jedenfalls, dass die Zeitschrift wenige Monate später eingestellt wurde.

Viele Psychologen bezweifeln heute, dass zufriedene Menschen zwangsläufig produktiver und erfolgreicher sind. Oft lassen sich positive und negative Erfahrungen gar nicht trennen. Wichtige Lebenserfahrungen verbinden beide Arten von Emotionen: Wir können die guten Seiten des Lebens gar nicht wertschätzen, ohne auch die negativen Seiten zu kennen. »Unzufriedenheit mit Bedingungen zu Hause, am Arbeitsplatz und in der Schule kann ein starker Motivator sein. Umgekehrt kann Glück auch zu Selbstzufriedenheit führen«, schreibt der Psychologe Zeidner. Positive Stimmung kann auch unsere Realitätswahrnehmung trüben. So kann Optimismus Menschen dazu bringen, dass sie Gefahrenzeichen ignorieren – wie jemand, der trotz Schmerzen nicht zum Arzt geht.

Ein Beispiel ist das Selbstwertgefühl – eine der Komponenten emotionaler Intelligenz, die auch in einschlägigen Tests abgefragt werden. In den 70er- und 80er-Jahren wurden vor allem in den USA Programme gestartet, um das Selbstwertgefühl von Schulkindern gezielt zu steigern. Heute glauben viele Forscher allerdings, dass diese Bemühungen mehr geschadet als genützt haben. So zeigte sich etwa, dass die Förderung des Selbstwertgefühls zu Narzissmus führen kann – und zum egozentrischen Glauben, die eigenen Gefühle seien tatsächlich der Schlüssel zum Lebenserfolg. Eine Reihe von Studien zeigt: Die Steigerung des Selbstwertgefühls schafft zwar positive Emotionen – aber auch nicht viel mehr. So scheint hohes Selbstwertgefühl eher die Wirkung als die Ursache von akademischem Erfolg zu sein. Und wer allzu positiv über sich selbst denkt, kann auch aggressive Reaktionen von anderen auslösen – also nicht gerade das, was emotionale Intelligenz eigentlich bewirken soll!

Die Gefühlsroboter

Emotional intelligent zu sein heiße offenbar, auf Situationen »adäquat« zu reagieren, meint Soziologin Illouz. Man passt seine emotionalen Reaktionen an die jeweiligen Erfordernisse an. Zur emotionalen Selbstkontrolle gehört es unter anderem, Angriffe von anderen nicht mit einem Gegenangriff zu beantworten. Der emotional kompetente Kollege bleibt gelassen, selbst wenn ihm gerade der Stuhl unterm Hintern weggezogen wird. Genau damit zeigt er seine Souveränität: »Wir stehen damit vor einem erstaunlichen Paradox«, schreibt Illouz: »Echte« psychische Stärke besteht darin, die eigenen Interessen zu wahren, ohne sich mit einer Reaktion oder einem Gegenangriff zu verteidigen ... Selbstkontrolle heißt, dass man sich von rationalen Kalkülen leiten lässt und berechenbar und widerspruchsfrei in seinen Interaktionen ist.«

Illouz legte 15 Probanden aus Unternehmen folgende Geschichte vor: *»Tom arbeitet seit zwei Jahren in einer Firma. Seine Arbeit gefällt ihm sehr. Sein Gehalt könnte kaum besser sein, seine Tätigkeit ist anregend und interessant. Die Beziehung zu seinem Chef jedoch ist mitunter angespannt, weil dieser nicht über neue Technologien und Strategien auf dem Laufenden ist, mit denen sich die Produktivität und die Ver-*

kaufszahlen steigern ließen. Eines Tages schlägt Tom seinem Chef einige Veränderungen vor, weil er glaubt, dass ihre Abteilung andernfalls Gefahr läuft, Umsätze und Gewinne zu verlieren. Toms Chef verweigert dies und lässt Tom nur wissen, er solle sich keine Sorgen machen, und wenn irgendetwas schieflaufe, werde er die Verantwortung übernehmen. Dann werden Toms schlimmste Befürchtungen wahr: Die Abteilung verliert Geld, Tom wird dafür verantwortlich gemacht, und sein Chef macht keine Anstalten, seinen Teil der Verantwortung zu übernehmen.«

Wie würden Sie sich an Toms Stelle verhalten?

Von Illouz' 15 Probanden erklärten alle, die jünger als 60 waren, dass sie ihren Chef nicht zur Rede stellen würden. Einige meinten, sie würden versuchen, sich einen neuen Arbeitgeber zu suchen. Einer der älteren Probanden, ein 72-jähriger Finanzbuchhalter hingegen meinte: »Das ist nicht in Ordnung. Wie sich der Chef verhalten hat, ist nicht in Ordnung.« Auf die Frage, ob er etwas unternommen hätte, erklärte er: »Kommt darauf an, aber ich glaube, ja; ich wäre sauer geworden und hätte dafür gesorgt, dass der Chef das mitkriegt. Vielleicht würde ich auch zu seinem Chef gehen.«

Eine 26-jährige mittlere Führungskraft, die gerade ihren MBA gemacht hatte, meinte nur: »Meinen Vorgesetzten zur Rede zu stellen könnte zwar die emotional befriedigendste Option sein, aber zugleich die schlechteste für meine Karriere. Ich würde entweder die Firma verlassen oder versuchen, das Nötige hinter dem Rücken meines Vorgesetzten zu regeln. Aber ich würde ihm definitiv keine Vorhaltungen machen.« Ihre Begründung: »Weil ich befürchten würde, dass man mich für kindisch und unzuverlässig hält.«

Die Antwort der jungen Frau drückt ziemlich genau aus, was ich unter Weichmacher-Verhalten verstehe. Man geht einem Konflikt aus dem Weg – aber nicht aus bloßer Angst vor der Konfrontation, sondern aus »emotionaler Intelligenz«: Man reagiert nicht, weil man befürchtet, es könnte einem als Schwäche ausgelegt werden.

Weichmacher agieren wie Gefühlsroboter. Sie rasten nicht einfach plötzlich aus. Sie sagen nicht, was sie wirklich denken – sondern sie versuchen, sich *angemessen* zu verhalten.

Das macht sie so berechenbar und zugleich so gefährlich. Man weiß immer, wie sie reagieren werden. Aber man weiß nie, was sie wirklich denken.

Weichmacher werden nicht wütend. Nicht mal schreiende Ungerechtigkeit bringt sie in Rage. Selbst persönliche Angriffe versuchen sie, »nicht persönlich« zu nehmen. Die Folge sind Personalgespräche, die an therapeutische Sitzungen erinnern – und Meetings, die ablaufen wie Kuschelpartys. Ohne negative Gefühle, ohne jegliche Aggression – und häufig ohne jede Leidenschaft. Man weiß deshalb immer, wie solche Sitzungen ablaufen werden. Aber man weiß nie, was wirklich Sache ist. Das Heimtückische der emotionalen Intelligenz besteht darin, dass wir uns ihrem Charme kaum entziehen können. Unser Harmonieinstinkt gebietet es, auf emotional intelligentes Verhalten wiederum mit emotionaler Intelligenz zu reagieren – und nicht etwa mit einem Wutanfall.

Niemand bezweifelt, dass emotionale Fähigkeiten für unser Leben wichtig sind. Wer seine eigenen Gefühle nicht erkennt, wird oft falsche Entscheidungen treffen. Und wer sich nicht in andere einfühlen kann, wird Schwierigkeiten beim Führen von Mitarbeitern haben.

Mein Problem beginnt dort, wo aus emotionaler Intelligenz eine Ideologie gemacht wird. Wo Manager nur noch damit beschäftigt sind, ihre Beziehungen und ihr eigenes Selbst zu »managen«. Wo Führungskräfte ihre emotionalen Kompetenzen dazu benutzen, Entscheidungsschwäche zu legitimieren, Kritik zu unterdrücken – oder gar andere Menschen zu manipulieren. Mit anderen Worten: Das Problem beginnt dort, wo emotionale Intelligenz mit Wahrheit und Aufrichtigkeit kollidiert.

Weichmacher berufen sich gerne auf ihre angebliche Intuition. Anstelle von Argumenten höre ich immer öfter Sätze wie: »Da habe ich kein gutes Gefühl.« Das macht unangreifbar, das immunisiert gegen Kritik: Wer etwas fühlt, muss sich dafür nicht rechtfertigen. Auf diese Weise sichern sich Weichmacher ab gegen die Kraft des Arguments.

Emotionale Intelligenz ist ein subtiles Machtinstrument, ihre Sprache ein Jargon der Überlegenheit. Wer ein Gefühl dafür hat, wie andere Menschen emotional »ticken«, der kann sie auch beeinflussen. Schon George Elton Mayo beobachtete bei seinen Hawthorne-Experimenten, dass oft schon bloßes Zuhören reicht, um wütende Arbeiter zur Räson zu bringen. Heute lernt jede moderne Führungskraft: Durch Zuhören zeigt man Wertschätzung. Wahr ist aber auch: Durch Zuhören kann man Wertschätzung *simulieren.*

Weichmacher hören zu, um andere nicht zu verletzen – nicht weil sie etwas lernen oder in einen wirklichen Dialog treten wollen. Die Standardformel lautet: »Ich verstehe Ihren Standpunkt.« Dann fühlt man sich als Gesprächspartner so richtig wertgeschätzt – und was auch immer das Problem war: Es ist wieder Ruhe im Karton.

Die EI-Ideologie sorgt dafür, dass die Weichmacher unter sich bleiben. Emotionale Intelligenz ist ein wirksames Mittel, um Kritiker, Rebellen und Querdenker auszugrenzen. Wer die Regeln nichtssagender Freundlichkeit missachtet, wer seine Beziehungen nicht »managen« kann, disqualifiziert sich fürs Team – und wenn seine Argumente und Ideen auch noch so brillant sind.

Das EI-Paradigma stigmatisiert die »emotional unintelligente« Person. Der hochintelligente, aber eigenbrötlerische Kollege hat in diesem Umfeld keine Chance. Emotionale Intelligenz ist unter anderem die Rache des intellektuellen Mittelmaßes an den angeblich sozial inkompatiblen »Nerds«, die das Computerzeitalter so erfolgreich bestimmt haben. Die Botschaft: Einer wie Bill Gates mag ein begnadeter Programmierer sein – aber vom EQ her ist er ein Vollidiot.

Emotionale Intelligenz ist das Gleitmittel jeder Weichmacher-Kultur. Sie sorgt für reibungslose Beziehungen, sie beseitigt die Ecken und Kanten, sie garantiert, dass es im sozialen Getriebe rund und geschmeidig läuft. Dazu braucht es dann nur noch die passende Sprache, um die neue emotionale Wendigkeit auch »kommunizieren« zu können.

3 Bullshit oder: Wie Weichmacher reden

Sie sprechen von »Synergieeffekten« oder »Win-win-Situationen«. Strategien werden »angedacht«, Strukturen »hinterfragt« und Projekte nicht angegangen, sondern erst mal »angeplant«. Und natürlich hat man keinen Konflikt, sondern ein »Kommunikationsproblem«.

Weichmacher reden Bullshit. Sie benützen inhaltsleere Phrasen – und Plastikwörter, die eigentlich gar nichts bedeuten. Das Phänomen an sich ist nicht neu: Schon in den 50er-Jahren haben genervte Sitzungsteilnehmer spaßhalber »Phrasendreschmaschinen« gebastelt, die einfach nur sinnlose Schlagwörter produzieren. »Bullshit-Generatoren« kann man sich heute ebenso aus dem Web herunterladen wie das Spiel »Bullshit-Bingo«, das den einschlägigen Unsinn bei Besprechungen und Präsentationen persifliert.

Bullshit ist jedoch mehr als bloß Sprachmüll. Hinter der Plastiksprache steht eine Art des Denkens und Handelns. Wer Bullshit redet, will sich auf nichts festlegen. »Bullshitter« vertreten keinen Standpunkt, sie verfechten kein Argument, sie liefern keine Gründe. Sie gehen keine Risiken ein, bleiben immer flexibel. Der Sprachkritiker Roland Kaehlbrandt hält die Plastiksprache der Eliten für einen Auswuchs der 68er-Bewegung, deren »Jargon« in den Chefetagen angekommen sei. »Die 68er haben – ohne dies zu wollen – in der Bundesrepublik viel zur Flexibilisierung des Kapitalismus beigetragen ... Unsere Politiker und Wirtschaftsführer verwenden flexible Begriffe, deren Verpflichtungsgrad gleich null ist. Da werden keine Termine mehr genannt, sondern es wird vom zeitlichen Vor- und Nahfeld fabuliert, Vorhaben werden nicht mehr angegangen, sondern angeplant, Problematiken werden andiskutiert, Innovationen angedacht«, sagt Kaehlbrandt in einem Interview mit dem Wirtschaftsmagazin *brand eins.*

Bullshit kann man nicht nur reden, sondern auch machen. Ein Meeting, auf dem nur Bullshit geredet wird, ist Bullshit – und eine Entscheidung, die auf Bullshit basiert, oft auch eine Bullshit-Entscheidung. Unternehmensfusionen begründen Manager gerne mit angeblich positiven »Synergieeffekten«. Das klingt modern und verheißungsvoll – und ist vor allem vage genug, um alles und nichts zu bedeuten. Als sich 1998 Daimler-Benz und Chrysler zusammenschlossen, sprach das Management im Geschäftsbericht gar von einem »erheblichen Synergiepotenzial«. Aus der »Hochzeit des Himmels«, wie es damals hieß, wurde bekanntlich ein gigantischer Flop – die Fusion dürfte Daimler schließlich rund 40 Milliarden Euro gekostet haben. Am Ende musste DaimlerChrysler-Vorstandschef Dieter Zetsche bekennen, man habe »die Synergiepotenziale überschätzt«. Bullshit bleibt eben Bullshit. Nichtsdestotrotz hält sich der Begriff hartnäckig – und fungiert mittlerweile als »Begründungsformal« (Kaehlbrandt) für allerlei Treffen, Tagungen und Seminare, deren Zweck eigentlich unklar ist: Wenn ein Meeting sonst keine Wirkung hat, dann vielleicht zumindest einen »Synergieeffekt«.

Das *Webster's Dictionary* definiert Bullshit als »Nonsens, Lügen oder Übertreibungen«. Doch was der Ausdruck eigentlich bedeutet, was Bullshit wirklich ausmacht, lässt sich gar nicht einfach definieren. Der amerikanische Philosoph Harry G. Frankfurt hat den Versuch unternommen, das Phänomen zu erklären. Zunächst sei Bullshit nicht einfach Humbug oder Unsinn.

Frankfurt erläutert das mit einer Anekdote über Ludwig Wittgenstein. Eine Kollegin des Philosophen lag einmal nach einer Mandeloperation im Krankenhaus. Als Wittgenstein zu

Besuch kam, krächzte sie: »Ich fühle mich wie ein Hund, den man überfahren hat.« Wittgenstein sei »entrüstet« gewesen, berichtete sie später: »Sie haben doch gar keine Ahnung, wie sich ein überfahrener Hund fühlt.« Vielleicht wollte Wittgenstein nur einen Witz machen – aber es würde zu seiner Persönlichkeit passen, wenn er die Bemerkung ernst gemeint hätte. Wittgenstein habe damit nicht zum Ausdruck bringen wollen, dass die Frau Unsinn rede – sondern vielmehr, dass sie sich gar nicht darum bemühe, den Sachverhalt richtig darzustellen.

Wittgensteins Kollegin habe aber auch nicht gelogen, meint Frankfurt. Ein Lügner will uns etwas glauben machen, was er selbst nicht glaubt. Wer lügen will, muss zunächst annehmen, dass er die Wahrheit kennt – sonst kann er nicht absichtlich die Unwahrheit sagen.

Ein Bullshitter lügt nicht im eigentlichen Sinne. Bullshit muss nicht einmal unwahr sein. Es ist nur so, dass es dem Bullshitter gleichgültig ist, ob er die Wahrheit sagt oder nicht. Seine Aussagen sind einfach nur substanzlos und inhaltsleer – heiße Luft also. Das heißt aber nicht, dass ein Bullshitter keine Absichten verfolgt: »Der Bullshitter muss uns nicht täuschen und nicht einmal täuschen wollen, weder hinsichtlich der Tatsachen noch hinsichtlich seiner Vorstellung von den Tatsachen«, schreibt Frankfurt: »Er versucht aber immer, uns über sein Vorhaben zu täuschen. Das einzige unverzichtbare und unverwechselbare Merkmal des Bullshitters ist, dass er in einer bestimmten Weise falsch darstellt, worauf er aus ist.« Insofern ist Bullshit dem »Bluff« näher als der Lüge, sagt Frankfurt.

Ein Lügner verbirgt vor uns, dass er uns etwas glauben machen möchte, was er selbst für falsch hält. Der Bullshitter hingegen verbirgt, dass die Wahrheit für ihn keine Rolle spielt. »Der Bullshitter ist außen vor: Er steht weder auf der Seite des Wahren noch auf der des Falschen. Anders als der aufrichtige Mensch und als der Lügner achtet er auf die Tatsachen nur insoweit, als sie für seinen Wunsch, mit seinen Behauptungen durchzukommen, von Belang sein mögen. Es ist ihm gleichgültig, ob seine Behauptungen die Realität korrekt beschreiben. Er wählt sie einfach so aus oder legt sie sich so zurecht, dass sie seiner Zielsetzung entsprechen.« Sowohl ein aufrichtiger Mensch wie ein Lügner orientieren sich an den Tatsachen. Der eine lasse sich von der Autorität der Wahrheit leiten, während der andere diese Autorität zurückweise: »Der Bullshitter hingegen ignoriert diese Anforderungen in toto. Er weist die Autorität der Wahrheit nicht ab und widersetzt sich ihr nicht, wie es der Lügner tut. Er beachtet sie einfach gar nicht. Aus diesem Grunde ist Bullshit ein größerer Feind der Wahrheit als die Lüge«, schreibt Frankfurt: Bullshit sei immer dann unvermeidbar, »wenn die Umstände Menschen dazu zwingen, über Dinge zu reden, von denen sie nichts verstehen«.

Im Vorwort dieses Buches habe ich einen Verlagsmanager mit einer bezeichnenden Aussage zitiert: »Es geht eben nicht immer um die Wahrheit.« Natürlich ist diese Aussage weder eine Lüge noch völliger Unsinn. Sie ist einfach Bullshit. Die Wahrheit ist, dass es in gewissem Sinne *immer* um die Wahrheit geht. Wer das leugnet, der führt etwas im Schilde, der hat was zu verbergen. »Wir können nicht ohne Wahrheit leben. Wir brauchen Wahrheit nicht nur um zu verstehen, wie man gut lebt – sondern um überhaupt zu überleben«, schreibt Frankfurt. Was wir für wahr halten, das hat für uns Gewicht – bei Investitionsentscheidungen wie im täglichen Leben. Jeder von uns glaubt Myriaden von Dingen. Und zu »glauben« heißt, etwas für wahr zu halten. Wer glaubt, dass es »draußen regnet«, der nimmt an, dass dies wirklich der Fall ist. Falsche Überzeugungen haben Konsequenzen – sie verzerren den Blick auf die Realität und führen zu falschen Entscheidungen. Rationales Denken erfordert daher, für eine Behauptung oder Meinung Gründe zu verlangen. »Ohne Wahrheit haben wir entweder gar keine Meinung, wie die Dinge wirklich sind – oder unsere Meinung ist falsch. In beiden Fällen wissen wir nicht, in welcher Art von Situation wir uns befinden. Wir wissen nicht, was los ist, in der Welt um uns herum und in uns selbst«, schreibt Frankfurt.

Lügen beschädigen den Realitätssinn: »Lügen zielen darauf ab, uns in einem sehr realen Sinne verrückt zu machen. Lügen schaffen Fiktionen, Fantasien und Illusion. Wer Lügen glaubt, lebt in gewissem Sinne in seiner eigenen Welt.«

Weichmacher reden nicht deshalb Bullshit, weil sie es nicht anders könnten. Vielmehr benutzen sie Bullshit, um ihre wahren Motive und Absichten in den Nebel des Ungefähren zu tauchen. Auf diese Weise entsteht eine Art »uneigentliches« Sprechen, das jedenfalls nicht das meint, was es ausdrückt. Und da keiner sagen will, was er wirklich denkt, können alle ungestraft Bullshit reden.

Weichmacher-Bullshit hat eine besondere Konsistenz. Fast immer geht es dabei um Konfliktvermeidung und Beziehungsmanagement. Man demonstriert soziale Fähigkeiten, Achtsamkeit und Einfühlungsvermögen. Im Weichmacher-Deutsch geht man »aufeinander zu«, statt bloß einen Kompromiss zu schließen – falls man nicht ohnehin schon ganz »bei jemandem ist«. Man diskutiert »ergebnisoffen«, man »kommuniziert« und »vernetzt« sich, bestimmt »Schnittmengen« und strebt auch im zwischenmenschlichen Bereich »Win-win-Situationen« an. Und selbstverständlich schmeißen Weichmacher niemanden raus. Allenfalls betreiben sie »Personalabbau« oder »Umstrukturierung«.

Die Kunst besteht darin, semantisch unverfängliche Botschaften auszusenden, die niemanden verletzen oder sonst wie negativ berühren. Eine schlechte Leistung nennt man eben nicht »schlecht«, sondern »suboptimal« – ein Bullshit-Begriff, der eine nähere Betrachtung verdient. »Optimal« bedeutet bekanntlich »am besten«, »bestmöglich« oder »sehr gut« (als Elativ). »Suboptimal« ist folglich alles, was weniger gut als »optimal« ist. »Suboptimal« kann folglich »fast optimal« (also jedenfalls »gut«) ebenso heißen wie »schlechter geht's nicht« – alles unter dem Optimum ist möglich. Der beurteilte Mitarbeiter kann es sich sozusagen aussuchen.

Der Bullshit liegt in der Vagheit des Ausdrucks. Mit der Aussage »Ihre Leistung ist suboptimal« bringt der Vorgesetzte zwar eine gewisse Kritik zum Ausdruck. Zugleich aber lässt der Satz alle möglichen Deutungen und Relativierungen zu. Streng genommen sagt er eigentlich so gut wie überhaupt nichts. Nun könnten Sie mir entgegenhalten: »Der Betroffene weiß schon, was unter ›suboptimal‹ zu verstehen ist.« Genau darin besteht aber der Trick. Man tut so, als hätte man eine klare Kritik formuliert. Tatsächlich geht es aber nur darum, keinen Konflikt mit dem Mitarbeiter heraufzubeschwören – und die eigene Reputation als »einfühlsame« Führungskraft nicht zu beschädigen. Ähnlich vage Bullshit-Ausdrücke sind »zeitnah« oder »andenken«. Bedeutet »zeitnah« nun »sofort«, »möglichst rasch«, »in den nächsten zwei Tagen« oder »binnen drei Wochen«? Und was heißt es, ein neues Projekt »anzuplanen«, »anzudiskutieren« oder gar nur »anzudenken«? Ideen sammeln? Vorschläge unterbreiten? Konzepte schreiben?

Zu meinen persönlichen Favoriten gehört die Floskel »jemanden ins Boot holen«, angeblich sinnverwandt mit »jemanden einbinden«. Damit ist eigentlich nur gesagt, dass man jemanden in irgendeiner Weise in einen Vorgang einbeziehen möchte. Holt man jemanden schon »ins Boot«, wenn man ihn nur über etwas informiert? Heißt es, dass jemand an einem Entscheidungsprozess beteiligt werden soll? Geht es um konkrete Mitarbeit an einem Projekt? Oder will man eigentlich nur sicherstellen, dass die betreffende Person oder Abteilung nicht »dazwischenfunkt«?

In vielen Fällen ist eine gewisse Vagheit natürlich unvermeidlich. Oft hat man einfach nicht genügend Informationen, um präzise Aussagen zu treffen. Manchmal kennt man etwa nicht die genauen Gründe, warum die Leistung eines Mitarbeiters unbefriedigend ist.

Vage Behauptungen sind zwar oft wahr, aber so ungenau, dass man nichts damit anfangen kann. Vagheit führt in vielen Fällen zu Fehlschlüssen – und vage Behauptungen eignen sich hervorragend, um andere zu manipulieren.

Stellen Sie sich einen Mann mit Glatze vor. Da er kein einziges Haar auf dem Kopf hat, sagen wir zu Recht, dass er eine Glatze hat. Nun wächst ihm ein einzelnes Haar nach. Vermutlich würden Sie immer noch behaupten, dass der Mann eine Glatze hat – ein einzelnes Haar würde keinen Unterschied machen. Aber was, wenn er zwei Haare hat? Wie ist es bei drei Haaren? Und bei vier Haaren? Die Schwierigkeit liegt darin, eine Grenze zu ziehen. Ein zusätzliches Haar macht offenbar nicht den Unterschied zwischen »kahlköpfig« und »nicht kahlköpfig« aus. Der Gedankengang führt schließlich zum absurden Ergebnis, dass es zwischen »Glatze« und »Nicht-Glatze« keinen Unterschied gibt. Nach der gleichen

Logik gäbe es auch keinen Unterschied zwischen groß und klein. Und ein »Haufen« Sandkörner würde immer ein »Haufen« bleiben – auch wenn es sich am Ende nur noch um ein einziges Korn handelt. Und das ist natürlich blanker Unsinn. In dieser Form würden Sie mir die Schlussfolgerung, dass es zwischen Glatze und Nicht-Glatze keinen Unterschied gibt, natürlich nicht abkaufen. Doch es gibt heimtückische Bullshit-Argumente dieser Art, die nicht leicht zu erkennen und vor allem schwer zu widerlegen sind. Solche »Dammbruchargumente« oder »Argumente der schiefen Ebene« behaupten, dass ein bestimmter erster Schritt eine Art Kettenreaktion auslöst, der schließlich zu einem unerwünschten Ergebnis führt. Und da dieses Ergebnis inakzeptabel ist, kann man auch den ersten Schritt nicht akzeptieren. Jeder kennt Argumente dieser Art: Wenn man jemandem den kleinen Finger reicht, will er die ganze Hand. Wenn man eine Ausnahme von der Regel erlaubt, muss man sie für alle machen.

Ein Beispiel aus dem Unternehmensalltag:»Ich würde Ihnen gerne eine Gehaltserhöhung geben. Aber wenn ich das tue, muss ich dem Kollegen X auch mehr Geld geben. Dann kommt der nächste und schließlich alle anderen. Die Personalkosten laufen aus dem Ruder – und wir gehen pleite. Also kann ich auch Ihnen keine Gehaltserhöhung geben.«

Das Argument ist natürlich reiner Bullshit. Aus einer einzelnen Gehaltserhöhung folgt eben nicht eine kausale Verbindung zu weiteren Gehaltserhöhungen. Selbst wenn eine »Gehaltserhöhung für alle« den Ruin des Unternehmens bedeuten würde, wäre das kein stichhaltiger Grund, eine einzelne Gehaltserhöhung abzulehnen.

Man könnte die Bullshit-Liste weiter fortsetzen (siehe Glossar). Manche Weichmacher sind immerhin selbstironisch genug, um sich über ihren eigenen Bullshit lustig zu machen. Die Frage ist nur, warum sie ihn trotzdem unablässig weiter produzieren.

Meine persönliche Theorie lautet: Bullshit ist eine Art Überlebensstrategie. Weichmacher müssen ständig versuchen, die wahren Absichten und Motive hinter ihrer Freundlichkeitsfassade zu verbergen. Zugleich müssen sie immer fürchten, dass ihre Prinzipienlosigkeit aufgedeckt werden könnte –

und dass es ihnen so geht wie dem Kaiser in Hans Christian Andersens Märchen. Die Geschichte handelt bekanntlich von einem Kaiser, der sich von zwei Betrügern neue Kleider machen lässt. Die Gauner reden ihm ein, dass nur wenige Menschen die Kleider sehen können – und täuschen alles nur vor. Der Kaiser selbst will sich nicht eingestehen, dass auch er die Kleider nicht sehen kann. Und die Menschen, denen er sich mit seinen neuen »Gewändern« zeigt, spielen ihm Begeisterung vor. Erst als ein Kind aufdeckt, dass der Kaiser gar keine Kleider anhat, fliegt die Sache auf.

Bullshit hat eine Ähnlichkeit mit »des Kaisers neuen Kleidern«. Solang alle mitspielen, kommt man damit durch. Aber es besteht immer die Gefahr, enttarnt zu werden – und dann ist man häufig ziemlich »nackt«.

Als relativ neue Bullshit-Variante hat sich eine Art »Gefühls-Sprech« eingebürgert. Emotional intelligente Führungskräfte lassen sich nicht länger auf Vernunft und Verstand reduzieren – oder gar auf Zahlen. Man sagt schon mal Dinge »aus dem Bauch heraus«, man handelt »bauchgesteuert« oder trifft »Bauchentscheidungen« – und demonstriert damit Intuition und Emotionalität. Man ist von irgendwas »angenervt« oder hat bei einer Sache ein »komisches«, vielleicht gar ein »ungutes Gefühl«. Manager interessieren sich für die »gefühlte Stimmung« in einem Team. Und vor einiger Zeit fragte mich ein Manager, was denn meine »gefühlte Entscheidung« in einer bestimmten Frage sei.

Ich glaube, er meinte damit mein »Bauchgefühl«.

Wer Gefühle äußert, gilt als glaubwürdig und authentisch. Gefühle immunisieren gegen Kritik: Wer ein »ungutes Gefühl« hat, macht sich unangreifbar. Gegen eine »gefühlte Entscheidung« kann man nicht argumentieren – schließlich kommt die ja aus dem Bauch und nicht aus dem Gehirn. Und wenn jemand »angenervt« oder gar »verletzt« reagiert, kommt man auch nicht dagegen an.

Von allen Spielarten des Bullshits ist der Gefühls-Bullshit der gefährlichste, weil er jede rationale Diskussion unterbindet – und damit die Suche nach der Wahrheit unterminiert.

Zu argumentieren heißt, für eine Behauptung Gründe zu liefern. Ein »Gefühl« in einer bestimmten Frage kann man schnell mal haben. Zum Beispiel habe ich persönlich »kein gutes Gefühl« dabei, dass Google immer mehr Daten über uns sammelt. Andererseits kann ich mich dem Argument nicht entziehen, dass wir alle den Suchmaschinenkonzern freiwillig mit Informationen füttern – und im Gegenzug von komfortablen und kostenlosen Diensten profitieren.

Emotionale Urteile können eine Richtung weisen. Aber nur die rationale Diskussion erlaubt es, Alternativen abzuwägen und Optionen miteinander zu vergleichen. Argumente helfen dabei, Lügen und Unwahrheiten zu entlarven – und zu nachvollziehbaren, fundierten Entscheidungen zu kommen. Auf Bullshit hingegen rutscht man leicht aus.

Bullshit-Sprache erfüllt meiner Beobachtung nach mehrere Funktionen:

Erstens trägt das gemeinsame Vokabular dazu bei, ein Wir-Gefühl zu vermitteln. Wenn alle den gleichen Mist reden, kann sich jeder Bullshitter wie zu Hause fühlen. Zugleich kann sich das Team gegen Außenseiter abschotten. Wer nicht unsere »Sprache« spricht, gehört nicht zu uns.

Zweitens schafft Bullshit schon sprachlich ein Konsensklima. Wenn sich alle undeutlich und phrasenhaft ausdrücken, können kontroverse Diskussionen gar nicht erst aufkommen. Das »uneigentliche« Sprechen verhindert jede Debatte um die »eigentlichen« Fragen. Die heiße Bullshit-Luft erstickt jeden Konflikt.

Drittens macht Bullshit unangreifbar. Da man im Grunde nichts »meint«, setzt man sich damit auch keiner Kritik aus.

Bullshit ist nicht nur ein sprachästhetisches Problem. Nach Wittgenstein definiert die Art des Sprachgebrauchs eine »Lebensform«. Bullshit ist die Lebensform der Weichmacher – das Sprachspiel ihrer Harmoniekultur. Man lernt es in Führungskräfteseminaren oder durch Nachahmung. Durch ständiges Üben bringt man es zur Meisterschaft. Am besten, man holt sich einen erfahrenen Coach.

TEIL II: DIE AKTEURE

4 Das »gecouchte« Ich oder: Wie Weichmacher üben

Es gab Zeiten, da genierten sich Führungskräfte für ihren Coach. Da galt es als Schwäche, sich psychologisch beraten zu lassen. Da hielt man »gecoachte« Manager für unfähig und hilfsbedürftig – wenn nicht gar für psychisch krank.

Die Zeiten haben sich geändert.

Heute gilt man eher als krank, wenn man auf einen Coach verzichtet. Psychologische Beratung, so heißt es, macht die Seele der Führungskraft fit. Bloß »Therapie« darf man es nicht nennen. Schließlich geht es doch um Optimierung und Selbstmanagement.

Coaching ist ein riesiger, boomender Markt. Es gibt Coachs für alles Mögliche – von Fitness über Finanzen bis zu Image und Stil. Man kann sich als Einzelner coachen lassen, aber auch als Team. Führungskräfte nutzen Coaching für die Karriereplanung. Coachs sind weder Berater noch Trainer, und sie sind auch keine Therapeuten. »Coaching richtet sich an Personen, deren Selbststeuerungsfähigkeit funktioniert, die gezielt nach systematischer Veränderung oder Perfektionierung streben«, heißt es in einem *Zeit*-Artikel zum Thema.

Der Coaching-Boom hat seine Wurzeln in der neuen, flexiblen Ökonomie. Zum einen sind Druck und Unsicherheit in der Wirtschaft stark gestiegen. Jobs tauchen auf und verschwinden wieder, aus Stellen werden Projekte. Unternehmen geben immer mehr Aufgaben an kleinere Unternehmen weiter. Zugleich wachsen die Erwartungen an den Einzelnen – Eigenverantwortung, lebenslanges Lernen, Selbstmanagement und Selbstoptimierung. Jeder Mensch wird zum »Unternehmer in eigener Sache« – zu einem unternehmerischen Selbst. Zugleich hat die Psychologisierung der Gesellschaft Methoden der Selbstoptimierung »salonfähig« gemacht. Wer sich mit dem eigenen Selbst beschäftigt, wer einschlägige Ratgeber liest oder eben Coachs engagiert, gilt nicht länger als schwach – sondern als motiviert und lernbereit. Eklektisch schöpfen die neuen Selbsttrainer aus dem Repertoire psychologischer Modelle und Methoden. Angeboten wird, was passt. Und was nicht passt, wird gern auch mal passend gemacht.

Emotionale Intelligenz verkaufen Coachs gerne als neue Kraft- und Energiequelle, die Führungskräfte – mit ihrer Hilfe natürlich – nur anzapfen müssen, um erfolgreich zu sein. »Emotional intelligente Führung ist ein weiterer Garant für erneuerbare Energie und Loyalität ... Es gehört zu den grundlegenden Führungsaufgaben, Emotionen in eine positive Richtung zu lenken«, schreiben etwa die Coachs Petra Bernatzeder und Reinhard Nagel, die ein Konzept namens »Mental Body Energy« für Führungskräfte entwickelt haben. »Wenn Führungskräfte im Unternehmen die Emotionen in eine positive Richtung lenken und Begeisterung für Spitzenleistungen wecken, lösen sie positive Resonanz aus und die Chancen auf Erfolg haben sich multipliziert ... Ein wesentlicher Schlüssel für eine erfolgreiche Führung ist demnach unsere emotionale Intelligenz: wie wir mit uns selbst und unseren Beziehungen umgehen.« Wer »emotional interdependent« agiere, habe »Zugang zu unermesslichen menschlichen Ressourcen und Potenzialen«.

»Das Gebot der Stunde heißt: Coaching! Denn aus dieser Ecke kommen die Tools zur Menschenführung, die endlich greifen«, schwärmt die Managementtrainerin Sabine Asgodom. Menschenführung heiße vor allem, das Wohlbefinden der Mitarbeiter zu fördern: Asgodom schreibt: »Der Slogan von Verkaufstrainings ist ja seit Jahren ›Mach deine Kunden glücklich‹. Meine Erfahrung ist: ›Mach deine Mitarbeiter glücklich, dann werden auch deine Kunden glücklich.‹« Asgodom bezieht sich dabei ausdrücklich auf die Ansätze der positiven Psychologie, wie auf die Bücher von Martin Seligman: »Es gibt im Arbeitsleben eine eindeutige, klare Beziehung zwischen positiven Emotionen und hoher Produktivität, geringer Fluktuation und hoher Loyalität. Die persönlichen Fähigkeiten und Talente in der Arbeit ausüben zu können, löst positive Emotionen aus. Und das bringt eine hohe Selbstmotivation.«

Emotionale Wellness

Unternehmen sollen ihren Beschäftigten nicht bloß positive Emotionen verschaffen, sondern auch heimelige Atmosphäre. Emotionale Wellness empfiehlt sich laut Asgodom als zentraler Faktor, um die »High Potentials« anzulocken: »Das Wort Geborgenheit gehört heutzutage leider noch nicht zur gängigen Managementausbildung. Das wird sich ändern müssen ... In Zukunft werden die befähigtesten Mitarbeiter/innen in das Unternehmen gehen, das ihnen den höchsten Wohlfühlfaktor bietet. Wo sie ein starkes Wir-Gefühl erleben und sich als wichtigen Teil einer Gemeinschaft fühlen können.«

Das ist in meinen Augen nichts anderes als pure Weichmacher-Ideologie. Das »gecoachte« Ich wird zum »gecouchten« Ich, das Unternehmen zum emotionalen Wellness-Hotel. Der Mitarbeiter als Gast bekommt nicht nur Seelenmassage, sondern auch noch einen Extraservice: die besondere »Wertschätzung« des Führungspersonals.

Nüchtern ausgedrückt bedeutet Wertschätzung die positive Bewertung anderer. Bei Wikipedia heißt es: »Sie gründet auf eine innere allgemeine Haltung anderen gegenüber. Wertschätzung betrifft einen Menschen als Ganzes, ihr Wesen. Sie ist eher unabhängig von Taten oder Leistung, auch wenn solche die subjektive Einschätzung über eine Person und damit die Wertschätzung beeinflussen.« Auf den ersten Blick scheint Wertschätzung etwas Ähnliches zu bedeuten wie Respekt. Und doch hat der Begriff eine tiefere, psychologische Dimension.

»Wertschätzung ist unverzichtbar, weil jeder Mensch ein natürliches Bedürfnis danach hat, gesehen zu werden, sich zugehörig zu fühlen, die ureigensten Potenziale zu entfalten und sich geistig und spirituell weiterzuentwickeln. Wir Menschen möchten angenommen werden, so wie wir sind, und die Chance haben, uns und unsere Potenziale zu entfalten ... Wertschätzung ist eine Kraft des Herzens, die zunächst einmal annimmt, was ist, ohne zu bewerten«, meint die Politikwissenschaftlerin und Psychotherapeutin, Barbara Mettler-v. Meibom, die Business- und Executive-Coaching und Führungskräftetraining anbietet.

Der Begriff der Wertschätzung spielt eigentlich eine Schlüsselrolle in der klientenzentrierten Psychotherapie. Positive Wertschätzung ist eine Grundhaltung des Therapeuten gegenüber seinem Klienten. Dabei geht es eigentlich darum, das Selbstwertgefühl des Klienten zu stärken, um den therapeutischen Prozess zu fördern. Zentrale Idee ist das menschliche Streben nach Selbstverwirklichung. Der Therapeut hilft dem Klienten dabei, Einsicht in sein eigenes Selbst zu entwickeln. Dazu gehört es, negative und positive Gefühle bewusst wahrzunehmen. Die Aufgabe des Therapeuten besteht dabei darin, »die verschiedenen zur Verfügung stehenden Möglichkeiten zu klären und die Angst und die Mutlosigkeit, die das Individuum fühlt, anzuerkennen. Seine Funktion ist es nicht, zu einem bestimmten Ablauf zu drängen oder Ratschläge zu erteilen.«

Die Wertschätzungslüge

In ihrem Coaching-Institut Communio (»Institut für Führungskunst«) verkauft Barbara Mettler-v.Meibom »gelebte Wertschätzung« als Führungsmethode für Zeiten der Unsicherheit. Auf der Website heißt es: »Gerade in Zeiten der Krise und des Wandels treten vermehrt Unsicherheit und Angst auf. Umso wichtiger ist es für eine Führungskraft, eine wertschätzende Führungskultur zu entwickeln, in der sich die Menschen wahrgenommen und ernst genommen fühlen. Dies ist die Grundlage erfolgreicher Wertschöpfung.« Führung,

Kommunikation, Teamprozesse – angeblich wird alles besser und effektiver, wenn es auf einer Kultur der Wertschätzung beruht. »Wertschätzung hilft, Interessengegensätze auf eine gemeinsame Vision hin auszurichten und Win-win-Lösung zu erzielen.« Durch Wertschätzung lassen sich Blockaden auflösen, lässt sich »Synergie« fördern und Zeit sparen. Wertschätzung fördere Motivation und Kreativität, die Identifikation mit dem Unternehmen, Kommunikationskultur und Lernfähigkeit. Und wertgeschätzte Mitarbeiter, so heißt es, hätten auch einen »niedrigeren Krankenstand«.

Bei aller Wertschätzung: Aber das ist reiner Bullshit – im Sinne des letzten Kapitels.

Von der »Wertschätzung zur Wertschöpfung« – die Formel wirkt nicht nur etwas gezwungen, sondern entlarvt auch die Ziele, um die es in Wirklichkeit geht. Die Wertschätzungskultur dient letztlich nur einem einzigen Zweck – nämlich harmonische Beziehungen sicherzustellen. Sie hat also einen durch und durch instrumentellen Charakter. Man zeigt jemandem Wertschätzung, nicht weil er es wert ist, sondern weil man etwas damit erreichen will. Damit bedeutet Wertschätzung eigentlich ihr genaues Gegenteil, nämlich Unaufrichtigkeit und Heuchelei.

Wertschätzung ist ein typischer Weichmacher-Begriff – schwammig und flexibel einsetzbar. Zeigt man Wertschätzung schon, indem man einem Mitarbeiter zuhört? Indem man Verständnis für seine Probleme zeigt? Oder muss man ihm ständig versichern, dass man an seine Fähigkeiten, sein »Potenzial« glaubt?

Im Grunde sind es die alten Ideen von George Elton Mayo, die da immer wiederkehren – unter dem Mäntelchen jeweils aktueller Theorien. Heute benutzen auch Coachs immer öfter das Vokabular der Hirnforschung, um ihre Methoden wissenschaftlich zu untermauern.

Masterplan fürs Glück

Die Coaching-Szene verkauft ihre Beratungsleistungen nicht
bloß als wirksame Methoden für den Job, sondern zugleich
als Methoden des Selbstmanagements. Der Masterplan für
die Karriere wird auch zum Masterplan für ein erfülltes Leben.

Das Harmoniestreben im Job spiegelt sich in der Suche
nach persönlicher Balance. »Wichtig ist, keine Un-Balance
aufkommen zu lassen, die wie eine Unwucht in einem Rad
das Leben nicht mehr rund laufen lässt«, schreibt etwa der
Coach Michael Merks. Entscheidend seien die Emotionen.
Wer seine Emotionen steuern könne, besitze nämlich die Fähigkeit, einen gewünschten Zustand zu schaffen – oder gar
von einem unerwünschten Zustand in einen gewünschten
Zustand zu wechseln. Merks bringt dazu folgendes Beispiel:
»In einem Gespräch, das gut begann, wird es ›laut‹. Sie är-
gern sich über bestimmte Äußerungen. Doch Sie schaffen es,
Ihres Ärgers Herr zu werden und zu ihrer ursprünglichen
Linie und Ruhe zurückzukehren ... Bei Ihrem Gespräch haben Sie sich von Anfang an gut gefühlt. ›Lautwerden‹ und bestimmte Äußerungen nehmen Sie wahr, verspüren dabei
aber keinerlei Ärger. Sie können Ihr Gespräch die ganze Zeit
mit einem guten emotionalen Zustand fortführen und zu Ende bringen. Genau das zeichnet Meister in der Steuerung ihrer Emotionen aus.«

Solche Empfehlungen haben nicht zufällig leicht buddhis-
tische Züge. Auf subtile Weise und unausgesprochen vermischen sich da die Konzepte der emotionalen Intelligenz mit
spirituellen Elementen aus der asiatischen Tradition. Das auf
diese Weise »gecoachte Ich«, so lautet das Versprechen, kann
seine Emotionen nach Belieben kontrollieren – und auf
Wunsch sogar gezielt erzeugen: »Positive Emotionen können
Sie schaffen, indem Sie bestimmte Dinge tun oder Situationen schaffen, von denen Sie wissen oder ahnen, dass Sie positive Emotionen damit verbinden oder erschaffen können.
Zum Beispiel: Sie fühlen sich immer besonders ausgeglichen,
wenn Sie sich und anderen Menschen Wertschätzung entgegenbringen. Unabhängig davon, ob Sie dies nur für sich im

Stillen tun oder es dem Menschen persönlich mitteilen. Dann üben Sie das, indem Sie es täglich fünf Minuten als Morgenritual in Ihr Leben einbauen ... Dadurch entwickeln Sie die Fähigkeit, einen gewünschten Zustand zu schaffen und darin erfüllt zu leben.«

Das Zitat ist höchst aufschlussreich, weil es zeigt, dass die »Wertschätzung« eigentlich gar nicht auf die wertgeschätzte Person zielt – sondern darauf, sich selbst positive Emotionen zu verschaffen. Dazu braucht es nicht mal ein Gegenüber. Man kann sich auch ganz allein hinsetzen und Wertschätzung simulieren – und erreicht damit den gleichen Effekt.

In US-Unternehmen bezeichnet Coaching seit den 70er-Jahren auch einen Führungsstil, der auf die Weiterentwicklung von Mitarbeitern abzielt. Auch in Deutschland gibt es seit Mitte der 80er-Jahre die Vorstellung, dass Führungskräfte die »Coachs« ihrer Mitarbeiter sein sollen. Der Manager als Coach übernimmt sozusagen eine therapeutische Funktion: Er hilft dem Mitarbeiter, seine »wahren Potenziale« zu erkennen – und damit auch sein »wahres Selbst«.

In ihrem tiefsten Inneren sind Weichmacher soziale, kommunikative Tiere. Statt in Rudeln treten sie »teamweise« auf.

5 Die Gleichmacher oder: Wie Weichmacher Individualität zerstören

Vor einigen Jahren hatten ein Kollege und ich einen magischen Moment. Wir standen an einem Whiteboard und kritzelten herum, zeichneten Mindmaps und Funktionsdiagramme. Es ging um ein Internet-Projekt. Die Verlagsführung hatte alle Abteilungen aufgefordert, sich Gedanken über eine Online-Strategie zu machen.

Plötzlich ergaben unsere Kritzeleien Sinn. Wir hatten eine Idee. Sie war ehrgeizig – aber wir hielten sie für ziemlich gut. Auf einem Meeting stellten wir unsere Präsentation vor. Unsere Idee setzte sich gegenüber anderen abteilungsinternen Vorschlägen durch.

Das war der Anfang.

Damit begann ein Prozess, der über ein Jahr lang dauerte. Im Wesentlichen ging es darum, das Projekt für ein verlagsinternes Gremium vorzubereiten, das über Online-Investitionen zu entscheiden hatte. Dazu war es offenbar notwendig, möglichst viele Leute von der Idee zu überzeugen, sie einzubinden und »mit ins Boot« zu holen – aus der eigenen Abteilung, aus anderen Bereichen. Das Projekt reifte, nun ja, eher langsam heran. In der Zwischenzeit war der Verlag in eine wirtschaftliche Schieflage geraten – was die Sache auch nicht einfacher machte.

Irgendwann nahm ich in einem abteilungsinternen Teamseminar teil. Jeder sollte sagen, auf welche Leistung im letzten Jahr er besonders stolz war. Ich nannte unsere Online-Idee und erzählte von unserem kleinen »magischen Moment« am Whiteboard. Plötzlich merkte ich, wie einer der jungen Verlagsmanager das Gesicht verzog. Dann platzte es aus ihm heraus. Warum ich die Online-Idee als alleinige Leistung von mir und meinem Kollegen darstelle – schließlich hätten doch alle daran mitgewirkt. *Das ganze Team!* Ich war einigermaßen irritiert. Es lag mir völlig fern, den Beitrag von irgendjemandem zu dem Projekt herunterzuspielen. Ganz im Gegenteil. Aber die Idee – die hatten nun mal mein Online-Kollege und ich (also immerhin auch ein *Team*). Auf den Gefühlsausbruch des Kollegen folgte eine interessante Grundsatzdiskussion über Teamgeist, Individualität und kreative Prozesse. Ich erzähle die Geschichte nicht, um unsere Online-Idee besonders hervorzuheben. Der Wortwechsel war für mich vielmehr ein Schlüsselerlebnis, das meinen Glauben an den Mythos der Teamarbeit erschüttert hat.

Ironischerweise war es wiederum ein *Team*, das unsere Internet-Idee schließlich beerdigte. Alle unsere Bemühungen, die Mitglieder des Gremiums schon im Vorfeld »ins Boot zu holen«, hatten letztlich nichts gefruchtet. Unser *Team* hatte verloren. Und natürlich war wie immer niemand daran schuld.

Sind *Sie* ein Teamplayer?

Wenn nicht, dann sollten Sie mal über Ihre beruflichen Perspektiven nachdenken. Oder am besten gleich zum Therapeuten gehen. Es könnte sein, dass Sie ein Autist sind – oder eine andere Art von »Troublemaker«, der sich nicht ins große Ganze einfügen kann.

Teams sind toll. Sie machen Spaß, sie schaffen ein Wir-Gefühl, sie bieten Schutz und Geborgenheit: Einer für alle, alle für einen. Vom »Ich« zum »Wir«. Auf den Teamgeist kommt es an. Gemeinsam sind wir stark. Zusammen sind wir klüger. Teamwork gilt als kreativ, sympathisch und positiv, als moralisch wertvoll und »politisch korrekt«. Teamspieler sind, wie es scheint, bessere Menschen. Und wer »teamunfähig« ist, gilt schnell mal als Sonderling.

Teams sind überall. Moderne Manager sprechen von ihrem »Team«, wenn sie ihre »Mitarbeiter« meinen. Im Privatleben führt man nicht bloß eine Beziehung, sondern man bildet ein »Team«. Selbst ein Einzelkämpfer muss wohl mindestens ein »Einmannteam« sein. Vor vielen Jahren fragte mich ein Chefredakteur im Einstellungsgespräch, ob ich ein Teamplayer sei. Bezeichnenderweise meinte er damit, ob ich als kleiner Redakteur mir vorstellen könne, mit ihm zusammen eine Geschichte zu schreiben.

Deutschlands Führungskräfte sind, wie es scheint, zur Teamarbeit geschaffen. Bei einer Umfrage der Deutschen Akademie für Führungskräfte aus dem Jahr 2004 gaben 97 Prozent an, dass sie gern im Team arbeiten. Allerdings glauben nur vergleichsweise magere 54 Prozent, dass man mit Teamarbeit auch tatsächlich mehr erreicht.

Der Anglizismus »Team« (altenglisch: Familie, Gespann, Nachkommenschaft) bezeichnet »einen Zusammenschluss von mehreren Personen zur Lösung einer bestimmten Aufgabe oder zur Erreichung eines bestimmten Zieles«. So steht es bei Wikipedia, der teambasierten Online-Enzyklopädie – also wird es stimmen. Erwähnt wird allerdings noch ein »polemisches, aber manchmal treffendes« Wortspiel: »TEAM = Toll, Ein Anderer Macht's!« *Wie wahr!*

Ich habe schon in vielen Teams gearbeitet. Ich habe Teams zusammengestellt. Ich habe versucht, Teams zu motivieren. Ich habe Teamkonflikte erlebt, Teamseminare besucht und jede Menge Teamgeist versprüht. Ich habe mit Teams gesoffen, bin mit ihnen Ski gefahren, über heiße Kohlen gelaufen und durch Stromschnellen gepaddelt. Nach all meinen Teamerlebnissen bin ich zum Schluss gekommen: Teams werden überschätzt. Teamarbeit kann furchtbar unkreativ, langweilig, uninspiriert und lähmend sein – oder sogar unerträglich. Und oft hat der Team-»Geist« nur wenig mit »Denken« zu tun.

»Das, was wir Team nennen, das ist der Kriegsruf der alten Masse, die Unterwerfung der Begabten unter die Mittelmäßigen. Alles vermischt sich, verliert seine Kontur«, wettert der Unternehmensberater Reinhard K. Sprenger. »Unter dem Deckmantel des Teams erkämpfen die Minderbegabten ihre Gleichheit mit den Hochbegabten. Jemand, der nicht den Konsens um jeden Preis will, der Impulse geben, Initiative ergreifen, ungeduldig verändern will, stört die pseudoharmonische Kuschelecke. Der macht, wie man so sagt, den Akkord kaputt.« Weichmacher sind die geborenen »Teamplayer«. Das Team ist ihr natürliches Biotop. Da sind sie in ihrem Element, da fühlen sie sich wohl, da blühen sie auf. In Teamsitzungen können sie Harmonie und Konsens zelebrieren. Da sitzen sie dann stundenlang und sind furchtbar nett zueinander. Müsste ich einen Weichmacher mit einer Handbewegung charakterisieren, wie Robert Lembke in »Was bin ich?«, dann würde ich die Luft umarmen.

Der Vater des Teamgedankens war ein gewisser Aristoteles. In seiner *Politik* schrieb der griechische Philosoph: »Die vielen nämlich, von denen jeder Einzelne kein tüchtiger Mann ist, mögen trotzdem, vereint, besser sein als sie, nicht als Einzelne, sondern als Gesamtheit ... Denn da ihrer viele sind, so kann jeder einen Teil der Tugend und Klugheit besitzen, und kann die Gesamtheit durch ihren Zusammentritt wie ein einziger Mensch werden, der viele Füße, Hände und Sinne hat.«

Das klingt erst mal grundvernünftig.

Seit Langem weiß man natürlich, dass in Teams auch das genaue Gegenteil eintreten kann: Manchmal leisten Teilnehmer in der Gruppe weniger, als sie alleine leisten würden. Das Phänomen ist bekannt als Ringelmann-Effekt oder »soziales Faulenzen«. Entdeckt hat es vor rund 130 Jahren der französische Ingenieur Max Ringelmann, als er die Produktivität landwirtschaftlicher Arbeitsprozesse untersuchte. Dabei ließ er Studenten allein oder zu mehreren an einem Seil ziehen und maß die Kraft, mit der gezogen wurde. Eigentlich hätte man annehmen müssen, dass die Kraft proportional zur Zahl der ziehenden Studenten steigen würde. Doch genau das war nicht der Fall. Wie sich herausstellte, zog ein Student im Schnitt 63 Kilogramm, drei Studenten 160 Kilogramm – und acht nur noch 248 Kilogramm. Mit anderen Worten: Je größer die Gruppe, umso weniger strengte sich jeder Einzelne an. Bei acht Studenten zog jeder einzelne nur noch mit halber Kraft. Und das scheint mir immer noch ziemlich viel Einsatz zu sein – jedenfalls gemessen an der Motivation, die in manchen Projektteams herrscht. Gruppen laden immer zum Trittbrettfahren ein. Doch das ist nicht ihr einziges Problem. Teams sind meist auch nicht so schlau, wie sie selber denken.

Mythos 1: Teams wissen mehr!

Eigentlich sollte man meinen, dass Gruppen klüger sind als Einzelpersonen. Die Gründe scheinen auf der Hand zu liegen. Erstens müsste eine Gruppe doch mindestens so klug sein wie ihre klügsten Mitglieder. Wenn einer einen Fehler macht, könnten ihn andere korrigieren. Jeder hat schon Gruppendiskussionen erlebt, in denen einer die richtige Antwort weiß – und die anderen davon überzeugen kann. Zweitens könnten Gruppenmitglieder ihre unterschiedlichen Informationen miteinander verbinden. Selbst wenn kein Experte in der Runde ist, könnte die Gruppe auf diese Weise zu einem guten Urteil kommen. Drittens könnte der Ideenaustausch in der Gruppe zu einer neuen Lösung für ein Problem führen, sodass das Ganze mehr ist als die Summe seiner Teile.

In der Theorie klingt das plausibel. In der Praxis aber zeigt sich, dass Teams oft nicht so effektiv sind, wie sie eigentlich sein könnten. Wie anfällig Gruppen für Fehlleistungen sein können, zeigt ein aufschlussreiches Experiment aus den 30er-Jahren.

Der Psychologe Muzafer Sherif führte einige Versuche zur Sinneswahrnehmung durch. Dazu projizierte er in einem ansonsten völlig abgedunkelten Raum einen Lichtpunkt an die Wand. Dabei entstand eine Sinnestäuschung – der Punkt schien sich zu bewegen. Tatsächlich blieb er aber immer an der gleichen Stelle. Sherif bat nun seine Versuchspersonen, die Distanz zu schätzen, um die sich der Punkt bewegt hatte. Bei Einzelbefragungen kamen die Probanden zu völlig unterschiedlichen Schätzungen. Dann jedoch befragte sie der Forscher in kleinen Gruppen. Nun einigten sich die Probanden plötzlich schnell auf eine gemeinsame Schätzung. Das Erstaunliche war zunächst, dass die verschiedenen Gruppen zu ganz unterschiedlichen Ergebnissen kamen – und jede Gruppe war von ihrer Meinung überzeugt. Nun schleuste Sherif einen Vertrauensmann in die Gruppen ein. Der »Komplize« sollte möglichst vehement eine Schätzung abgeben, die wesentlich höher oder niedriger lag als jene der anderen Gruppenmitglieder. Wie sich zeigte, ließ sich die Gruppe von dem Abweichler regelmäßig beeinflussen – und kam schließlich zu einem viel höheren (oder niedrigeren) Ergebnis als ohne den Provokateur. Erstaunlicherweise machten sich die Versuchspersonen das Gruppenurteil sogar zu eigen, wenn man sie später nach ihrer individuellen Meinung fragte – und sie blieben auch dabei, wenn sie an anderen Gruppen teilnahmen, deren Mitglieder zu ganz anderen Urteilen kamen. Und eine Gruppe blieb selbst dann bei ihrer Meinung, wenn man die Mitglieder sukzessive austauschte und der »Komplize« schon lange nicht mehr dabei war.

Das Experiment wirft eine naheliegende Frage auf: Wie können Teams nur so bescheuert sein?

Sherifs Studie zeigt gleich mehrere Gefahren, denen Gruppen ausgesetzt sind. Zum einen neigen sie dazu, bestimmte eingeführte Muster beizubehalten – und zwar auch dann, wenn eigentlich niemand mehr weiß, von wem und warum sie eigentlich eingeführt wurden. Und selbst wer neu in ein Team kommt, übernimmt tendenziell die geltende Tradition. Mit anderen Worten: Teams sind schon mal grundsätzlich konservativ.

Das Experiment zeigt aber auch etwas anderes. In unsicheren Situationen lassen sich Teams leicht beeinflussen – und in die Irre führen. Die scheinbare Bewegung des Punktes verwirrte die Sinneswahrnehmung. Die Probanden waren schlicht überfordert, als sie die Distanz schätzen sollten. Aus diesem Grund hatte der »Komplize« leichtes Spiel: Er brauchte nur einigermaßen selbstbewusst aufzutreten – und schon folgte die Gruppe seinem Urteil.

Ähnliches geschieht in vielen Teamsituationen. Wenn das Team unsicher ist über eine Entscheidung, kann ein Einzelner das Ruder leicht herumreißen. Dazu muss er nur den Eindruck erwecken, dass er mehr Ahnung von der Sache hat als die anderen. Und wie Sherifs Experiment demonstriert, übernehmen die anderen Teammitglieder nicht bloß seine Meinung, sondern sie glauben auch noch, es sei ihre eigene. Das klingt zunächst bizarr, und doch erlebt man es ständig: Ein Team macht sich die Meinung eines Einzelnen zu eigen – und hört irgendwann auf, den Konsens zu hinterfragen. Alle sind »einer Meinung«. Dumm nur, wenn der Konsens auf dem Bockmist beruht, den irgendwann ein Einzelner produziert hat.

Mythos 2: Teams sind schlauer!

Teams können rationales Verhalten auf heimtückische Weise unterminieren. Eigentlich würde man glauben, dass genau das Gegenteil der Fall sein müsste: Vier Augen sehen bekanntlich mehr als zwei. Also müsste Teamarbeit eigentlich dabei helfen, die Irrtümer eines Einzelnen zu erkennen und zu korrigieren. Tatsächlich tendieren Gruppen aber dazu, individuelle kognitive Fehler weiter zu verstärken.

Als Individuen machen wir solche Fehler am laufenden Band. Oft können wir komplexe Zusammenhänge nicht wirklich durchdenken. Unser Gehirn kann einfach nicht alle Informationen verarbeiten, mit denen es konfrontiert ist. Aus diesem Grund benutzt es einfache Faustregeln, sogenannte Heuristiken, um zu einem Urteil zu kommen.

Das Problem ist, dass diese Heuristiken oft zu Fehlschlüssen führen.

Zum Beispiel neigen wir dazu, auf Basis von Ähnlichkeiten auf einen kausalen Zusammenhang zu schließen. Wenn A »aussieht« wie B, dann glauben wir, dass A die Ursache von B ist oder umgekehrt. Sozialpsychologen nennen das »Repräsentativitätsheuristik«. Nach diesem Muster schließen wir etwa vom äußeren Erscheinungsbild auf die Persönlichkeit. Oft liegen wir damit auch richtig. Allerdings kann diese Heuristik auch zu dramatischen Denkfehlern führen.

Ein Beispiel. Betrachten Sie folgende Beschreibung einer jungen Frau: »Linda ist 31 Jahre alt, Single, redegewandt und sehr intelligent. Sie hat Philosophie studiert. Als Studentin hat sie sich mit Fragen der Diskriminierung und sozialen Gerechtigkeit beschäftigt, außerdem nahm sie an Anti-Atomkraft-Demonstrationen teil.« Nun sollten die Versuchspersonen Vermutungen über die Tätigkeit der Frau anstellen. Dabei standen acht verschiedene Optionen zur Auswahl, die nach der Wahrscheinlichkeit geordnet werden sollten. Sechs davon waren für das Experiment belanglose Füller, irgendwelche Berufe wie »Sozialarbeiter« oder »Lehrer«. Entscheidend waren die beiden folgenden Optionen: »Linda ist Bankangestellte« sowie »Linda ist Bankangestellte und in der Frauenbewegung aktiv«. Das verblüffende Ergebnis: Die meisten Versuchspersonen hielten die zweite Variante für wahrscheinlicher als die erste. Das ist natürlich ein schwerer logischer Fehler. Die Aussagen A und B zusammen können nicht mit größerer Wahrscheinlichkeit zutreffen als die Aussage A allein. Es ist einfach nicht möglich, dass es mehr feministische Bankangestellte als Bankangestellte gibt.

Eigentlich sollte man meinen, dass eine halbwegs intelligente Gruppe diese Denkfalle erkennt. Doch das Gegenteil ist der Fall. Wie Studien gezeigt haben, verlassen sich Gruppen noch stärker auf die Repräsentativitätsheuristik als Einzelpersonen.

Ein anderer Denkfehler beruht auf dem sogenannten »Framing«-Effekt. Die Art und Weise, wie ein Sachverhalt dargestellt wird, beeinflusst unser Urteil. Angenommen ein Chirurg spricht vor einer Operation von einer »90-Prozent-Überlebenschance«, ein anderer erklärt seinem Patienten, dass bei der Operation zehn Prozent sterben. Der Informationsgehalt ist zwar genau derselbe – trotzdem schätzen die meisten das Risiko höher ein, wenn von »zehn Prozent Todesfällen« die Rede ist. Gerade in wirtschaftlichen Zusammenhängen kann diese Verzerrung eine entscheidende Rolle spielen: Ein Produkt, das angeblich von 150 Euro auf 100 Euro herabgesetzt wurde, erscheint den meisten preisgünstiger als das gleiche Produkt für 100 Euro ohne Sonderangebot. Absurd genug. Noch absurder ist nur, dass Teams für diese Verzerrung sogar anfälliger sind als Einzelpersonen.

Bekanntlich neigen Aktienbesitzer dazu, gewinnbringende Aktien zu verkaufen, während sie an den Nieten festhalten. Dabei unterliegen sie einem gefährlichen Denkfehler, dem sogenannten »sunk cost error«. Viele kennen das: Man weiß eigentlich, dass man einen Fehlkauf getätigt hat. Aber man will die Aktie, das sanierungsbedürftige Haus oder was auch immer nicht hergeben – schließlich hat man ja schon so viel Geld damit verloren. Mit der gleichen Begründung halten manche Manager an todgeweihten Projekten bis zum bitteren Ende fest. Schließlich hat man ja schon so und so viele Millionen investiert. Natürlich ist dieses Verhalten vollkommen irrational.

Gruppen tendieren dazu, diesen verhängnisvollen Fehler weiter zu verstärken. »Gruppen verstärken ihre Festlegung auf einen falschen Kurs mit höherer Wahrscheinlichkeit als Individuen – und zwar umso mehr, je stärker sich die einzelnen Mitglieder mit ihrer Gruppe identifizieren«, schreibt der US-Rechtswissenschaftler Cass R. Sunstein in seinem Buch *Infotopia*. In der fatalen Gruppendynamik liegt ein Grund, warum sich Unternehmen oft so schwer damit tun, aus verlustträchtigen Strategien oder Produkten auszusteigen. Aber warum machen Teams von hoch qualifizierten Leuten solche desaströsen Fehler? Und warum sind sie dafür noch anfälliger als Einzelpersonen?

Die Antwort liegt zumindest teilweise im Harmoniebedürfnis.

Wenn die Mehrheit in einem Team Fehler macht, neigen die anderen dazu, den gleichen Fehler zu begehen – allein schon, um nicht als querulatorisch oder verrückt dazustehen. Je harmoniebedürftiger die einzelnen Teammitglieder sind, desto ausgeprägter ist die Tendenz. Am Ende begehen alle gemeinsam eine Riesendummheit – und jeder Einzelne fühlt sich auch noch wohl dabei. Das ist ein Kurzcharakteristikum jedes Weichmacher-Teams.

Theoretisch besteht die Stärke eines Teams darin, dass es auf die unterschiedlichen Fähigkeiten und Informationen jedes Einzelnen zurückgreifen kann – siehe Aristoteles. Die Voraussetzung dafür ist natürlich, dass jeder im Team sagt, was er denkt – und niemand mit essenziellen Informationen hinter dem Berg hält. Im Idealfall erfordert funktionierende Gruppendiskussion das, was der Philosoph Jürgen Habermas einmal eine »ideale Sprechsituation« genannt hat: Alle Teilnehmer suchen nach der Wahrheit, niemand verhält sich strategisch, Hierarchien spielen keine Rolle, alle akzeptieren die Gleichheitsregel. Das ist natürlich eine ziemlich unrealistische Annahme. Trotzdem hilft sie zur Orientierung: Ein Team, in dem niemand nach der Wahrheit sucht, in dem sich alle nur strategisch verhalten und jeder Angst hat, sich vor dem Vorgesetzten zu blamieren, wird kaum vernünftige Entscheidungen treffen.

Ein typisches Weichmacher-Team *suggeriert* nur eine ideale Sprechsituation. Scheinbar kann jeder sagen, was er sich denkt. Da ist kein autoritärer Chef, der einen Untergebenen wegen einer unbedachten Äußerung niederbügelt. Da gibt es keinen Kollegen, dessen scharfe Zunge man fürchten müsste. Jede Meinung zählt. Jeder kann Vorschläge machen, seinen »Input« geben. Jeder darf Kritik äußern. Das Problem ist nur: In einem Weichmacher-Team tut das oft keiner. Dadurch geht der Gruppe genau das verloren, was ein Team im Idealfall so stark macht – die Diversität der Fähigkeiten, die Vielfalt der Meinungen und Perspektiven.

Weichmacher sagen nicht, was sie wirklich denken oder wissen. Bis zu einem gewissen Grad ist das ein Problem von allen Gruppen. Ein einzelnes Teammitglied hat nicht unbedingt einen Anreiz, Informationen preiszugeben, die die ganze Gruppe betreffen. Der Grund ist simpel: In vielen Fällen hat man nichts davon. Das Team trifft aufgrund der Informationen zwar vielleicht eine bessere Entscheidung. Doch das Teammitglied, das sein Wissen enthüllt hat, zieht daraus oft keinen großen Vorteil. Den Gewinn streicht letztlich das Team ein.

In vielen Unternehmen herrscht dennoch die Überzeugung, dass Teams schwierige Aufgaben irgendwie besser lösen als Einzelpersonen.

Mythos 3: Teams sind kreativer!

Die Brainstorming-Methode galt lange als Inbegriff kreativer Teamarbeit. Wenn einem sonst nichts mehr einfällt, dann macht man eben ein Brainstorming. Meine eigene Erfahrung mit Brainstormings ist: Herausgekommen ist dabei selten etwas. Weder »stürmte« die Gruppe das vorliegende Problem, noch stürmte es sichtbar in den Köpfen. Ein Orkan tobte allenfalls in den Wassergläsern. Manchmal frage ich mich, wie viele Stunden wertvolle Arbeitszeit schon mit sinnlosen »Brainstormings« verschwendet wurden. Der angebliche Nutzen von Brainstorming gehört zu den großen Mythen der Teamarbeit. Die Wahrheit ist: Die Methode funktioniert einfach nicht. Es ist allerdings hilfreich, sich die Gründe dafür etwas näher anzusehen.

Erfunden hat das Brainstorming in den 50er-Jahren der amerikanische Werbepsychologe Alex F. Osborn. Im Kern geht es um eine Methode zur Ideenfindung in einer Gruppe. Der Begriff »Brainstorming« sollte die Kernidee verdeutlichen – nämlich das Gehirn zum »Sturm« auf eine Aufgabe einzusetzen. Je mehr Ideen produziert werden, desto besser. Beim klassischen Brainstorming nach der Osborn-Methode gelten einige grundlegende Regeln. Die wichtigste davon lautet, die Ideen oder Vorschläge anderer nicht zu kritisieren oder sonst wie zu beurteilen.

Mit anderen Worten: Brainstorming beruht auf Harmonie.

Jeder darf zunächst alles sagen – auch den größten Unsinn. Die Idee dahinter ist, dass selbst hinter scheinbarem Unsinn ja eine kreative Idee stecken könnte. Osborn behauptete sogar, Gruppen würden doppelt so viele Ideen generieren wie die gleiche Anzahl von Einzelpersonen, deren Gehirne jeweils alleine vor sich hin »stürmen«.

Der Sozialpsychologe Wolfgang Stroebe von der Universität Utrecht, der seit fast 30 Jahren über den Nutzen von Brainstorming-Methoden forscht, kam freilich zum genau gegenteiligen Schluss. Seine Experimente zeigten: Das Brainstorming in Gruppen erbrachte nur halb so viele Ideen, als wenn jeder für sich brainstormte – und diese Ideen waren auch noch weniger kreativ. Stroebe fand dafür unter anderem folgende Erklärung: Das Zuhören, wenn andere Ideen äußern, blockiert offenbar die eigene Kreativität. Da in der Gruppe immer nur eine Person am Wort ist, müssen die anderen Teilnehmer immer wieder warten – und in der Zwischenzeit vergessen sie ihre Einfälle wieder. Stroebe nannte dieses Phänomen »gegenseitige Produktionsblockierung«. Ein allgemeines Problem bei Gruppenarbeit sind »Trittbrettfahrer« oder »soziale Faulenzer«, die sich einfach weniger anstrengen als die anderen. Ein weiteres Hindernis für Gruppenkreativität bezeichnen Psychologen als »Bewertungsangst«: Teilnehmer halten ihre Ideen zurück, weil sie die negative Beurteilung durch andere fürchten. Genau dieses Problem versucht man beim klassischen Brainstorming zu vermeiden, indem Kritik in der Phase der Ideenfindung unterbunden wird. Diese »Kritik verboten«-Regel galt lange Zeit als geradezu sakrosankt.

»Da die Betonung auf Harmonie lag, haben die meisten Forscher angenommen, dass Konflikt, vor allem alles, was in Richtung Kritik geht, die Gruppenkreativität beeinträchtigt«, meint die Psychologin Charlan J. Nemeth von der Universität von Kalifornien, Berkeley. Nemeth und ihre Kollegen versuchten, der Frage auf den Grund zu gehen. In ihrem Experiment verglichen sie die kreative Leistung einer Brainstorming-Gruppe, in der Kritik unerwünscht war, mit jener einer anderen Gruppe, die zu Diskussion und Kritik ermuntert wurde. In einer Kontrollgruppe bekamen die Teilnehmer keine zusätzlichen Hinweise. Die Studie wurde sowohl in den USA als auch in Frankreich durchgeführt.

Die Versuchspersonen sollten innerhalb von 20 Minuten so viele Ideen wie möglich entwickeln, um das Problem der Verkehrsüberlastung in San Francisco zu lösen. Das Ergebnis: Die Debatten-Gruppen schnitten in beiden Ländern nicht schlechter, sondern sogar etwas besser ab als die Brainstorming-Gruppen – und signifikant besser als die neutrale Kontrollgruppe. Bei der US-Gruppe war der Unterschied dabei deutlich größer als bei der französischen Gruppe. »Im Vergleich zu traditionellen Brainstorming-Methoden war die Erlaubnis zu diskutieren und zu kritisieren mindestens so effektiv – tatsächlich gibt es sogar Hinweise auf ihre Überlegenheit.«

Die Forscher haben dafür zwei mögliche Erklärungen. Zum einen könnte es sein, dass die Diskussion die Angst vor Kritik in Wahrheit reduziert – statt sie zu verstärken, wie man bisher angenommen hatte. »Eine zweite Möglichkeit wäre, dass die Instruktion, etwas zu tun, was normalerweise

›verboten‹ ist oder zumindest als unhöflich gilt, aus sich selbst heraus befreiend wirkt. Regeln zu brechen, das ›Verbotene‹ zu tun, seinen Gedanken einfach direkt auszusprechen, könnte sehr befreiend und sogar stimulierend wirken.« Doch genau diese Regelbrüche sind es, die Weichmacher so fürchten. Denn wer Regeln bricht, stört die Harmonie. Kritik bedeutet immer Missklang – auch wenn sie noch so nett »vorgetragen« wird. Kontroverse Diskussion untergräbt scheinbar das Wir-Gefühl – und damit jene magische Aura, die Gruppen angeblich zusammenhält.

Mythos 4: Das Wir-Gefühl

Organisationspsychologen bezeichnen dieses Wir-Gefühl als »Kohäsion«. Darunter verstehen sie das Ausmaß wechselseitiger positiver Gefühle in der Gruppe. Eine hohe »Gruppenkohäsion« gilt im Allgemeinen als erstrebenswert. Je stärker das Wir-Gefühl, umso leistungsfähiger das Team. So könnte man jedenfalls meinen. Doch genau das ist nicht unbedingt der Fall. Wenn die Leistungsnormen etwa sehr niedrig sind, kann ein starker Zusammenhalt dazu führen, dass alle Gruppenmitglieder weniger leisten, als sie eigentlich könnten. So hat sich in Experimenten gezeigt, dass manche Gruppenmitglieder ihren Kollegen mitunter sogar mit Sanktionen drohen, wenn sie sich »unsolidarisch« verhalten – also mehr leisten, als in der Gruppe üblich ist.

Oft sind gerade die am besten »eingespielten« Teams in Wahrheit nur noch unproduktive Kuschelvereine. Organisationspsychologen wissen, dass auch Teams eine Halbwertszeit haben. Bei sehr kurzer Zusammenarbeit beschäftigen sich die Gruppenmitglieder hauptsächlich damit, ihren eigenen Status zu festigen. Bei längerer Dauer haben sich die Spielregeln und Hierarchien herausgebildet – und es kann an der eigentlichen Aufgabe gearbeitet werden. Dauert die Zusammenarbeit noch länger, »so hat man sich einen Kaffee gekocht und findet sich wahnsinnig nett«, meint ein Organisationspsychologe.

Weichmacher sind Kollektivisten. Sie fürchten das Individuum – seine eigenständige Meinung, seine schöpferische Kraft. Das Team, das Kollektiv ist alles. Das klingt nicht zufällig nach Sozialismus – und nach fernöstlicher Kultur.

Der Aufstieg der Teamideologie in westlichen Unternehmen hatte zumindest teilweise mit der neuen Konkurrenz aus dem Osten zu tun. Die Erfolgsgeschichte japanischer Unternehmen weckte Anfang der 80er-Jahre enthusiastische Begeisterung für asiatische Arbeitsmethoden. Organisationspsychologen begannen, sich mit den Unterschieden zwischen der asiatischen und der westlichen Kultur zu beschäftigen. Und Managementbücher schwärmten von der Idee, die kooperative Atmosphäre japanischer Unternehmen nachzubilden. Das neue Ideal war das Kollektiv – die Vorstellung, dass das Team mehr zählt als der Einzelne. Viele Managementtheoretiker propagierten kollektivistische Werte wie Harmonie und Zusammenhalt als neue Business-Philosophie.

In einer »kollektivistischen« Kultur steht das Wir im Vordergrund. Im Chinesischen gibt es nicht einmal ein Äquivalent für unser Wort »Persönlichkeit«. Personen sehen sich als Teil einer Gruppe – ihrer Familie, ihrer Gemeinschaft. Persönliche Beziehungen zählen mehr als die Sache. Offene Kritik wird als Gesichtsverlust betrachtet. Harmonie steht an oberster Stelle – oder zumindest muss Kritik so formuliert werden, dass sie niemanden verletzt.

Der US-Organisationsforscher Edgar Schein erläutert an einem typischen Beispiel, wie »individualistische« und »kollektivistische« Kulturen aufeinanderprallen können. Ein lösungsorientierter US-Manager trifft auf einen Mitarbeiter aus einer asiatischen Kultur, in der gute Beziehungen und die »Wahrung des Gesichts« hohen Stellenwert haben.

Der Manager schlägt eine Lösung für ein Problem vor. Der Mitarbeiter weiß, dass die Lösung nicht funktionieren wird. Trotzdem sagt er nichts, um den Chef nicht zu verletzen. Im Gegenteil, er bestärkt ihn auch noch. Schließlich wird die Idee des Chefs umgesetzt – mit desaströsen Resultaten. Daraufhin fragt der Chef seinen Mitarbeiter, was dieser an seiner Stelle getan hätte. Als der Mitarbeiter nun zugibt, dass er es anders gemacht hätte, fragt ihn der Chef, warum er das nicht vorher gesagt hat. Das bringt den Mitarbeiter in ein Dilemma. Er kann sein Verhalten nicht erklären, ohne genau das zu tun, was er von Anfang an vermeiden wollte – den Chef zu verärgern. Er könnte nun lügen und erklären, dass der Chef richtig gehandelt habe und das Scheitern einfach Pech gewesen sei. Aus Sicht des Mitarbeiters ist das Verhalten des Chefs nicht nachvollziehbar, da es einen Mangel an Stolz zeigt. Für den Chef ist umgekehrt das Verhalten des Mitarbeiters unverständlich. Er hat dafür keine andere Erklärung als die, dass ihn der Mitarbeiter bewusst ins »offene Messer« laufen ließ. Der Chef kann sich einfach nicht vorstellen, dass es dem Mitarbeiter wichtiger war, ihn nicht zu verärgern, als einen »guten Job« zu machen. Ich muss gestehen: Ähnliche Situationen habe ich auch schon mit ganz und gar deutschen Weichmachern erlebt – wenngleich der Stolz da wohl eine weniger zentrale Rolle spielte.

In seinem Buch *Cultures and Organizations* bezeichnet der Organisationsforscher Geert Hofstede solche kulturell geprägten Denk- und Verhaltensmuster als »mentales Programm«, das zwar das Verhalten des Einzelnen nicht determiniert, aber mit einer gewissen Wahrscheinlichkeit vorhersagt. So beschreibt Hofstede die subtilen Feedback-Mechanismen, zu denen man in kollektivistischen Gesellschaften oft greift, um Konfrontationen zu vermeiden. In einem Fall war ein Vorgesetzter mit der Leistung eines Mitarbeiters unzufrieden. Daraufhin spielte der Onkel des Mitarbeiters, der ebenfalls im Unternehmen beschäftigt war, die Vermittlerrolle – und übermittelte seinem Neffen die Kritik, nur um diesem den Gesichtsverlust zu ersparen.

Der Organisationspsychologe Christopher Earley von der London Business School führte ein aufschlussreiches Laborexperiment durch, um die Unterschiede zwischen einer »individualistischen« und einer »kollektivistischen« Arbeitskultur zu untersuchen. Dazu stellte man jeweils 48 Management-Trainees aus Südchina sowie aus den USA eine »In-Box-Aufgabe«, bei der Aufgaben wie das Schreiben von Memos oder die Evaluierung von Bewerbern abgearbeitet werden mussten. Die Hälfte der Teilnehmer jeder Gruppe bekam ein Gruppenziel gestellt: Innerhalb einer Stunde mussten zehn Teilnehmer gemeinsam insgesamt 200 Aufgaben erledigen.

In der anderen Gruppenhälfte sollten die Teilnehmer individuell jeweils 20 Aufgaben schaffen. Außerdem sollte die eine Hälfte jede erledigte Aufgabe mit ihrem Namen versehen, während die andere Hälfte ihre Aufgaben anonym lösen konnte.

Die »kollektivistischen« Teilnehmer aus China erzielten die beste Leistung, wenn sie sich am Gruppenziel orientierten und anonym blieben. Am schlechtesten schnitten sie ab, wenn sie individuell arbeiteten und ihren Namen angeben mussten. Umgekehrt schnitten die »Individualisten« aus den USA am besten ab, wenn sie individuell und mit Namensnennung arbeiten mussten – hingegen sehr schlecht, wenn sie nur anonymer Teil einer Gruppe waren. Offenbar hatte das Ergebnis mehr mit der Werteorientierung als mit der tatsächlichen kulturellen Herkunft zu tun. Jene Minderheit unter den chinesischen Teilnehmern, die eine starke individualistische Orientierung aufwies, schnitt ähnlich ab wie die Amerikaner.

Auf den ersten Blick haben »kollektivistische« Werte für Unternehmen eine Reihe von Vorteilen. Anscheinend fördert eine stärkere Wir-Orientierung ein Klima von Harmonie und Kooperation. Studien haben unter anderem gezeigt, dass »kollektivistische« Teams weniger zu »sozialem Faulenzen« tendieren. Wer sich mit seiner Gruppe identifiziert, strengt sich bei Gruppenaufgaben offenbar mehr an als ein Individualist, der sich nur an seinen eigenen Interessen orientiert. So weit, so logisch. Allerdings haben »kollektivistische« Werte auch empfindliche negative Auswirkungen.

Die US-Forscher Jack A. Goncalo und Barry M. Staw interessierten sich für die Frage, wie kollektivistische beziehungsweise individualistische Werte die Kreativität von Gruppen beeinflussen. Dabei benutzten die Forscher eine interessante Methode: Statt Probanden nach ihrer Werteorientierung auszuwählen, »manipulierten« sie diese mit einem psychologischen Trick. Die Teilnehmer der »individualistischen« Gruppe bekamen ichbezogene Fragen vorgelegt, die »kollektivistische« Gruppe hingegen Fragen, die sich auf Gruppen und ihre Beziehungen zu anderen Menschen bezogen. Durch diese Methode, im Fachjargon »Priming« genannt, kann man die kognitive Verarbeitung beeinflussen. Im konkreten Fall erreichte man damit, dass sich die »Individualisten« unter den Probanden auch tatsächlich individualistisch verhielten, und die »Kollektivisten« entsprechend gruppenorientiert.

Die Forscher stellten ihren Versuchspersonen folgende Aufgabe: Nach Jahren des Missmanagements wird die Kantine einer Universität geschlossen. Die Schulverwaltung steht vor der Entscheidung, was mit den Räumlichkeiten geschehen soll. Die Teilnehmer hatten 15 Minuten, um so viele Lösungen wie möglich für das Problem zu entwickeln. Das Ergebnis war eindeutig: Die individualistischen Gruppen erwiesen sich in jeder Hinsicht als kreativer als ihr kollektivistischer Widerpart. Sie generierten nicht bloß eine größere Anzahl von Ideen, sondern auch mehr originelle Ansätze, die sich von der ursprünglichen Restaurant-Idee unterschieden. Das Experiment zeigte auch, dass man kollektivistischen Gruppen Kreativität nicht einfach verordnen kann. »Unsere Resultate lassen Bedenken aufkommen, ob kollektivistische Kulturen für heutige Organisationen wirklich am besten geeignet sind«, meinen Goncalo und Staw. Statt mehr Innovation ins Unternehmen zu bringen, scheint kollektivistisches Teamdenken das genaue Gegenteil zu bewirken: »Unsere Resultate zeigen, dass kollektivistische Werte den Funken, der für Gruppenkreativität notwendig ist, auslöschen können. Außerdem haben wir herausgefunden, dass Kreativitätshindernisse in kollektivistischen Gruppen nicht einfach überwunden werden können, indem man Kreativität einfordert.«

Mythos 5: Kollektive Intelligenz

Durch das Internet hat der Glaube ans Kollektiv neuen Aufwind bekommen. Der Erfolg von Wikipedia, Google und anderen Plattformen beruht auf dem sagenhaften Phänomen der »kollektiven Intelligenz«. Das weckt bei manchen die Vorstellung, dass die Masse alles besser weiß – und dass die Meinung oder das Wissen des Individuums eigentlich keiner mehr braucht. Kritiker wie der Internet-Vordenker Jaron Lanier warnen schon vor einem »digitalen Maoismus«.

Jeder von uns ist nur begrenzt rational. Keiner weiß alles. »Unter den richtigen Umständen sind Gruppen bemerkenswert intelligent – und oft klüger als die Gescheitesten in ihrer Mitte«, schreibt der Autor James Surowiecki in seinem Buch *Die Weisheit der Vielen.*

Tatsächlich kann es in bestimmten Fällen effizient sein, sich nicht auf die eigene Meinung zu verlassen – sondern einfach der Masse zu folgen. In einem klassischen Spiel geht es darum, die Anzahl von Bohnen in einer Schüssel zu erraten. Wenn sich genügend Menschen an dem Spiel beteiligen, folgt die Verteilung der »Tipps« ungefähr einer Glockenkurve. Dabei tritt folgender interessanter Effekt auf: Wenn jeder seinen Tipp für sich behält, liegt die durchschnittliche Schätzung ziemlich nahe an der tatsächlichen Anzahl der Bohnen. Der Durchschnitt der Schätzungen ist im Regelfall besser als die Schätzungen von 95 Prozent der Teilnehmer. Anders gesagt, der Durchschnitt einer Gruppe von unabhängigen Teilnehmern ist besser als jedes Individuum. Und je mehr voneinander unabhängige Schätzungen es gibt, umso präziser ist das Ergebnis. Die beste Methode, die Zahl der Bohnen zu schätzen, besteht also darin, möglichst viele Leute unabhängig voneinander nach ihrer Schätzung zu fragen – und daraus den Durchschnitt zu ermitteln. »Was andere Menschen denken und wie sie sich verhalten, liefert uns wichtige Informationen, was richtig, gültig oder angemessen ist. Wenn alles andere gleich ist, dann ist etwas mit größerer Wahrscheinlichkeit wahr, je mehr Menschen es glauben«, schreibt der Sozialpsychologe Thomas Gilovich.

Kollektive Intelligenz beruht zunächst auf statistischen Gesetzen. Angenommen eine Anzahl Menschen soll die gleiche Frage beantworten, wobei es zwei Alternativen gibt – eine richtige und eine falsche. Nehmen wir weiter an, dass jeder Teilnehmer mit einer Wahrscheinlichkeit von mehr als 50 Prozent die richtige Antwort weiß. Dann geht die Wahrscheinlichkeit, dass die Mehrheit der Gruppe die richtige Antwort gibt, mit der Größe der Gruppe gegen 100 Prozent. Diese simple Tatsache erklärt, warum es bei »Wer wird Millionär?« oft sinnvoll ist, das Publikum zu fragen. Die meisten Leute im Publikum haben zumindest eine Idee, welche Antwort stimmt.

Die Ahnungslosen werden tendenziell Zufallstipps abgeben, die das Ergebnis nicht beeinflussen. Dadurch setzen sich letztlich jene durch, die tatsächlich die richtige Antwort wissen. Die Kehrseite ist allerdings: Wenn jeder Teilnehmer mit einer Wahrscheinlichkeit von über 50 Prozent falsch liegt, dann steigt mit der Gruppengröße auch die Wahrscheinlichkeit, dass die Mehrheit die falsche Entscheidung trifft.

Kollektive Intelligenz »funktioniert« also nur unter bestimmten Umständen. Und auch die »Weisheit der vielen« kommt meist nicht ohne die Intelligenz von Individuen aus. »Das Kollektiv ist mit höherer Wahrscheinlichkeit intelligent, wenn es nicht seine eigenen Fragen definiert, wenn die Qualität einer Antwort leicht nachprüfbar ist – und wenn es einen Mechanismus zur Qualitätskontrolle gibt, der hauptsächlich auf Individuen beruht«, meinte Jaron Lanier in seinem Aufsatz: »Jedes authentische Beispiel für kollektive Intelligenz, das ich kenne, zeigt auch, dass das Kollektiv von wohlmeinenden Individuen geführt oder inspiriert wurde.«

Ob Teamarbeit oder Internet-Kollektiv: Gruppen können unter bestimmten Umständen sehr effektiv sein. Doch sie sind nicht zwangsläufig besser – und schon gar nicht kreativer – als Individuen. Das Wir-Gefühl ist Weichmacher-Mythologie: eine Fiktion, eine Geschichte, die Harmoniekulturen zusammenbindet.

Mythos 6: Teams sind demokratisch!

Ich kann es nicht mehr hören, wenn Manager den Teamgedanken beschwören – womöglich über mehrere Hierarchieebenen hinweg. Oft verschleiert das angebliche Wir-Gefühl nur reale Macht- und Interessenunterschiede. Und oft dient das Team bloß dazu, um Verantwortung auf andere abzuschieben. Gerade in Krisensituationen rufen Manager den Teamgeist besonders häufig an.

Für den Soziologen Richard Sennett ist Teamarbeit die »passende Arbeitsethik« für den modernen, »flexiblen« Kapitalismus. Das Ethos der Teamarbeit propagiere sensibles Verhalten gegenüber anderen, gutes Zuhören und Kooperationsfähigkeit – vor allem aber die »Anpassungsfähigkeit des Teams an die Umstände«.

Teamarbeit ist für Sennett der Gegenpol zu Max Webers »protestantischem Arbeitsethos«, das auf Selbstdisziplin und Selbstverleugnung beruht. Hinter Webers Konzept stand das Bild eines getriebenen Menschen, der seinen moralischen Wert durch »rastlose Berufsarbeit« zu beweisen sucht. Doch die »weltliche Askese« war keine Quelle des Glücks, sondern eher Selbstbestrafung. Zu sehr ächzte Webers getriebener Mensch unter der Last der Arbeit: »Mit voller Gewalt wendet sich die Askese, wie wir sahen, vor allem gegen eins: das unbefangene Genießen des Daseins und dessen, was es an Freuden zu bieten hat.«

Moderne Formen des Teamworks hingegen versprechen vordergründig befriedigende Arbeitsbeziehungen: »Als Ethik der Gruppe statt des Individuums betont das Teamwork gegenseitiges Aufeinandereingehen stärker als den Wert der Einzelperson. Die Zeit des Teams ist flexibel und orientiert sich an spezifischen, kurzfristigen Aufgaben, kaum an der Aufrechnung von Jahrzehnten der Enthaltung und des Wartens.«

Doch letztlich bleibe das Ethos der Teamarbeit hohl, meint Sennett: »Trotz all des Psycho-Geredes, mit dem sich das moderne Teamwork in Büros und Fabriken umgibt, ist es ein Arbeitsethos, das an der Oberfläche der Erfahrung bleibt. Teamwork ist die Gruppenerfahrung der erniedrigenden Oberflächlichkeit.«

Starke Teams brauchen starke Individuen – Leute mit eigener Meinung, die auch mal Widerspruch einlegen. Weichmacher-Teams funktionieren nicht. Harmoniesucht führt zu schlechten Entscheidungen, übersteigertes Wir-Gefühl mitunter sogar zu gefährlichem Gruppendenken – oft mit desaströsen Folgen.

Die Teamideologie produziert Weichmacher – und umgekehrt. Dennoch ist sie in vielen Unternehmen geradezu sakrosankt. Wer nicht als Teamplayer funktioniert, gilt als schwierig oder streitsüchtig – oder, schlimmer noch, als kommunikationsunfähiger Autist. Oft wird der »Teamgeist« beschworen, um sich der Loyalität von Mitarbeitern zu versichern. Dahinter steht der Appell, sich gefälligst in die Gruppe einzufügen und nicht aufzumucken. »Teams sind – unter hierarchischen Bedingungen! – Fiktionen, verbale Übereinkünfte, Synonym für nette Arbeitsatmosphäre, Integrationsfähigkeit, moderne Unternehmenskultur, Kameradschaft, Harmonie, Konfliktfreiheit. Team ist damit mehr eine *politische Vokabel* als eine wertschaffende Organisationsform«, schreibt Berater Sprenger.

Manager sollten sich »nicht mehr wie Vorgesetzte, sondern wie Trainer verhalten«, meinen etwa die Managementtheoretiker Michael Hammer und James Champy. Dahinter steht die Vorstellung, dass individuelles Konkurrenzdenken, ein »jeder gegen jeden«, die Leistung einer Gruppe ruinieren kann. Für Richard Sennett läuft das Ethos der Teamarbeit darauf hinaus, reale Machtverhältnisse zu verschleiern: »So wird in der modernen Teamarbeit eine Fiktion geschaffen: Die Angestellten konkurrieren nicht wirklich miteinander. Und wichtiger noch, es entsteht die Fiktion, Arbeitnehmer und Vorgesetzte seien keine Gegenspieler; der Chef moderiert stattdessen den Gruppenprozess. Das Machtspiel wird vom Team gegen die Teams anderer Firmen gespielt.«

Manager benutzen die Teamfiktion, um sich gegen Angriffe von innen und außen zu schützen. Wenn alle ein Team bilden und die Aufgabe gemeinsam lösen, muss niemand mehr Verantwortung übernehmen. Man hat die Entscheidung ja *gemeinsam* getroffen. Und wenn sie sich als Fehler erweist, dann war eben das Team dran schuld. »Der Chef weicht der Verantwortung für sein Handeln aus; alles lastet auf den Schultern der Spieler«, schreibt Sennett. In heutigen Arbeitsbeziehungen herrsche daher »Macht, aber keine Autorität«. Eine Autoritätsfigur ist für Sennett jemand, der für seine Macht Verantwortung übernimmt. Im Ethos der Teamarbeit verschwindet diese Autorität. Jeder verschanzt sich hinter dem Gemeinschaftsgedanken: *Wir sitzen doch alle im selben Boot!* Und irgendwo mittendrin sitzt der Chef – und wenn die anderen Glück haben, rudert er zumindest mit.

6 Die Weichmacher oder: Wie Weichmacher (an der Nase herum)führen

Markus ist ein netter, junger Typ mit einem breiten, zähne-bleckenden Dauerlächeln. Man kann mit ihm gut über Fuß-ball reden, über Autos sowieso. Markus kann zuhören und sich in andere hineinversetzen. Er zeigt Verständnis, Empa-thie und Respekt. Niemals würde er jemanden kränken oder verletzen wollen. Ich habe ihn noch nie wütend erlebt. Und wenn es doch mal passieren sollte: Markus steht zu seinen Fehlern und Schwächen. Er ist auch nur ein Mensch.

Markus ist ein Weichmacher.

Sein Beruf: Manager in einem großen Medienunternehmen.

Eigentlich ist Markus ein Zahlenmensch. Wahrscheinlich träumt er nachts von Umsatzrenditen. Viele Leute schätzen seinen analytischen Verstand. Seine Vorsicht, seine Sparsam-keit. Der Erfolg gibt ihm offenbar recht: Als Verlagsmanager ist er gut unterwegs, selbst in schwierigen Zeiten – die Zah-len stimmen.

So gesehen läuft für Markus alles rund. Eigentlich könnte er kraftvoll nach vorne gehen. Selbstbewusstsein zeigen, eine Linie vorgeben, Leadership demonstrieren. Stattdessen sitzt er kraftlos im Meeting und sagt Sätze wie: »Da haben wir ei-niges vor der Brust.« Wenn man mit Markus redet, kann man schnell weiche Knie bekommen. Dann sinkt einem der Mut, und man spürt, wie die Energie, mit der man reingekommen ist, wieder aus einem entweicht. Dann möchte man Markus am liebsten gar nicht mit irgendwelchen neuen Ideen behelligen. Er findet sie eh immer irgendwie gut – so prinzipiell wenigstens. Im Klartext heißt das: Es wird sowieso nichts daraus.

Entscheidungen trifft Markus nämlich nur, wenn es sich nicht mehr vermeiden lässt. Niemals würde er einen Alleingang wagen. Vermutlich verbringt er die Hälfte seiner Zeit damit, sich mit anderen zu »koordinieren« und »abzustimmen«, um irgendwelche Leute »ins Boot zu holen«. Mangelnde Geduld kann man ihm nicht vorwerfen: Entscheidungen lässt er über viele Monate »reifen« – ob es um neue Investitionen geht oder um eine Halbtagssekretärin.

Markus ist ein Teamspieler. Am liebsten benützt er Fußballmetaphern. Dann redet er vom »Zug aufs Tor«, von »Abschlussschwäche« oder von »geschlossener Verteidigung«. Meist spielt Markus allerdings den Libero. Er sichert hinten ab – und versucht das Schlimmste zu verhindern. Die schlimmste Katastrophe wäre für ihn ein Eigentor, womöglich als Resultat einer unüberlegten Entscheidung.

Markus geht deshalb kein Risiko ein. Er lässt sich nicht so leicht festnageln. Meist sagt er nicht »Ja« oder »Nein«, sondern »Vielleicht«, »Irgendwann mal«. In aller Regel sagt er: »Da stecken wir noch mal die Köpfe zusammen.« Und zwar in der nächsten Teambesprechung – wenn die anderen auch dabei sind.

Am liebsten ist es ihm sowieso, wenn das Team zusammen die Entscheidung trifft. Wenn alle gemeinsam nach vorne laufen. Markus lehnt sich nicht gern aus dem Fenster. Schon gar nicht möchte er derjenige sein, der die Chancen versemmelt. Mit eigenen Ideen – oder gar mit kühnen Einzelaktionen – hält er sich deshalb zurück. Da lässt er doch lieber erst die anderen reden. Besprechungen moderiert er so lange, bis sich auf wundersame Weise ein Konsens herauskristallisiert. Zum Glück gibt es fast immer einen Konsens. Zur Sicherheit fragt er noch dreimal nach, ob auch wirklich alle einer Meinung sind. Ob sich tatsächlich niemand übervorteilt oder gar vor den Kopf gestoßen fühlt.

Markus ist hellhörig für Stimmungen. Unruhe in der Belegschaft macht ihm zu schaffen. Sobald er irgendwo einen Konflikt wittert, wird er nervös. Auf Weihnachtsfeiern schleicht
er deshalb spätnachts von Mitarbeiter zu Mitarbeiter und
lauscht in ihre Seelen hinein. Das macht ihn vielen sympathisch. Man glaubt ihm, dass er sich kümmert. Und viele
glauben ihm sogar in Zeiten von Krise und Personalabbau,
dass auch er nur ein Rädchen im großen Getriebe ist. Wie alle
anderen auch: Wir sitzen doch alle im selben Boot. Oder in
Markus' Fußballjargon: Ein Unternehmen funktioniert eben
wie Mannschaftssport.

Weichmacher präsentieren sich gerne als Opfer: Immer
sind irgendwelche Umstände dafür verantwortlich, dass sie
nicht anders können. Schuld sind die Vorgesetzten, die
»Strukturen«, die »Kultur« – und immer natürlich die »schwierige Lage«. Sie würden durchaus gern mehr bewegen – doch
es geht nun mal nicht. Sie sind eben auch nur Gefangene des
Systems. So wie alle anderen auch.

Das ist die Logik des Weichmachers: Wir sind alle ein Team
– und ziehen alle an einem Strang. Der Chef moderiert nur
den Gruppenprozess. Verantwortlich sind irgendwie alle und
niemand zugleich. Früher konnte der Chef den Gehorsam
der Mitarbeiter einfach durch Autorität einfordern – damit
übernahm er auch Verantwortung. Im »teambasierten«, »demokratischen« Unternehmen können Führungskräfte Verantwortung abschieben. Im flexiblen Kapitalismus, so meint der
Soziologe Richard Sennett, sei der Manager die »gerissenste
Gestalt«: »Er hat die Kunst gemeistert, Macht auszuüben,
ohne Verantwortung zu tragen.«

Die Mitarbeiter-Versteher

Unter Historikern gab es mal die Theorie, eine Führungsper-
sönlichkeit müsse eine Art »großer Mann« sein – eine außer-
gewöhnliche Erscheinung mit einer dramatischen Biografie.
Organisationsforscher haben schnell begriffen, dass man in
Fragen der Unternehmensführung mit solchen Vorstellun-
gen nicht weit kommt. Also begannen sie in den 20er- und

30er-Jahren, sich näher mit den Eigenschaften realer Führungspersönlichkeiten zu beschäftigen. Untersucht wurden so ziemlich alle erdenklichen Eigenschaften – vom Alter über die Statur bis zu Intelligenz und Motivation. Der eine Forscher beschäftigte sich mit »Empathie«, der nächste studierte die »Beliebtheit« – und mancher gar das Merkmal »Männlichkeit«. Dabei versuchten die Forscher, eine Korrelation zwischen den Eigenschaften eines Chefs und der Produktivität der Mitarbeiter abzuleiten. Doch auch damit kam man zu keinen klaren Ergebnissen. Erst später zeigte sich, dass der Zusammenhang viel komplizierter ist. Die Frage, was eine gute Führungskraft ausmacht, lässt sich nicht vom Kontext der Organisation trennen. Offenbar spielen andere Faktoren wie Motivation und Arbeitszufriedenheit ebenfalls eine Rolle.

Erst in den 50er-Jahren begannen sich Organisationspsychologen stärker für das Verhalten von Führungskräften zu interessieren. Dabei unterschieden sie zwischen »aufgabenorientiertem« und »beziehungsorientiertem« Verhalten – zwei Begriffe, die bis heute eine zentrale Rolle in Leadership-Theorien spielen. Unter »aufgabenorientiertem Verhalten« versteht man, wie Führungskräfte Gruppen von Mitarbeitern strukturieren. Beim »beziehungsorientierten Verhalten« geht es darum, wie Führungskräfte mit ihren Mitarbeitern umgehen – inwieweit sie ihnen etwa Vertrauen oder Respekt entgegenbringen. Beide Merkmale scheinen mit effektiver Führung zusammenzuhängen. Die Beziehung zwischen Chef und Mitarbeiter galt aber immer noch als Einwegkommunikation: Der Chef sagt dem Mitarbeiter, was er zu tun hat. In den 60er-Jahren zeigten allerdings Studien, dass gerade effektive Führungskräfte oft viel Zeit und Energie darauf verwandten, mit ihren Mitarbeitern zu interagieren. Das »partizipative« Verhalten einer Führungskraft, also das Einbinden von Mitarbeitern in Entscheidungsprozesse, spielte offenbar eine Schlüsselrolle für effektives Management.

Der Mensch war immer schon ein besonderer Produktionsfaktor. Im Unterschied zu Maschinen können Menschen ihre Umgebung bewerten und verändern – und sich ihr auch widersetzen. Zwischen den Zielen einer Organisation und der Autonomie des einzelnen Mitarbeiters herrscht daher immer eine »inhärente Spannung«, schreibt der Organisationsforscher David Jaffee. Eine weitere Konfliktquelle beruht auf der Teilung von Arbeit und Autorität: Mitarbeiter haben verschiedene Aufgaben und Befugnisse, sie gehören verschiedenen Abteilungen und Hierarchiestufen an.

Bürokratische Organisationen beruhen auf formalen Regeln und Prozeduren. Regeln schaffen Klarheit: Sie legen fest, wer welche Aufgaben und Befugnisse hat, wer Entscheidungen treffen und Anweisungen geben kann. Für Max Weber gab es drei Legitimitätsgründe einer Herrschaft. »Traditionale Herrschaft« rechtfertigt sich allein durch Tradition, etwa durch Familiengeschichte. »Charismatische« Herrschaft beruht auf der Persönlichkeit eines »Führers«. Die modernste und effizienteste Herrschaftsform ist für Weber aber die Herrschaft kraft »Legalität«. Legitime Autorität beruht zum einen auf der formalen Position in einer Organisationshierarchie – sie muss den Regeln entsprechen, also »legal« sein. Zum anderen aber beruht sie auf dem Glauben, dass diese formalen Regeln auch tatsächlich sachliche »Kompetenz« begründen – darin besteht ihre »Rationalität«.

Regeln schaffen Berechenbarkeit und Kontrolle. Allerdings bringen bürokratische Systeme wiederum neue Konfliktherde hervor. So können Mitarbeiter die »legitime Autorität« eines Vorgesetzten hinterfragen. Hat der Chef überhaupt die nötige Sachkompetenz? Kann er mir wirklich Anweisungen geben, bloß weil er formal mein Vorgesetzter ist – oder braucht er auch mehr »Sachkompetenz«, um seine Autorität zu rechtfertigen?

Bürokratische Systeme gelten heute als ineffizient. Menschen lassen sich nicht einfach durch Regeln »programmieren«, selbst wenn diese Regeln noch so »rational« sind. Ein Problem besteht darin, dass Menschen selbst nur »beschränkt rational« agieren. Menschen können nur eine begrenzte Menge an Information verarbeiten – und die Konsequenzen einer Handlung nur unzuverlässig vorhersagen. Sie sind anfällig für alle möglichen Denkfehler, lassen sich von Emotionen leiten – oder eben von ihrer hierarchischen Position.

Die moderne Wissensökonomie erforderte mehr Flexibilität und Kooperation. Starre bürokratische Organisationen waren dem Wandel nicht mehr gewachsen. Manager und Organisationsforscher suchten daher nach neuen, »postbürokratischen« Modellen.

Postbürokratische Unternehmen, so die Theorie, schaffen Harmonie nicht durch Regeln und formale Autorität – sondern durch Dialog, Überzeugung und Vertrauen. Entscheidungen werden partizipatorisch getroffen. Mitarbeiter orientieren sich nicht an formalen Aufgabenbeschreibungen, sondern an professionellen Prinzipien. Gemeinsam arbeitet man an Problemen und Projekten, statt bloß Direktiven aus der Chefetage umzusetzen.

Der Organisationsforscher Charles Heckscher beschrieb das ideale postbürokratische Unternehmen als »Organisation, in der jeder die Verantwortung für den Erfolg des Ganzen übernimmt«. Die klassische Vorstellung, Mitarbeiter nach vordefinierten Funktionen aufzuteilen, müsse daher aufgegeben werden, meint Heckscher: Die Organisationssteuerung dürfe sich nicht auf das »Management von Aufgaben« konzentrieren – sondern auf das »Management von Beziehungen«. An die Stelle von Autorität und Hierarchie tritt der »informierte Konsens«.

Mit anderen Worten: Jeder Mitarbeiter weiß letztlich von sich aus, worum es geht.

»Dank dieses gemeinsamen Sinns, dem alle beipflichten, weiß jeder, was er zu tun hat, ohne dass man es ihm eigens sagen müsste. Eine Richtung tritt klar zutage, ohne dass eine Befehlsgewalt vonnöten wäre. Die Mitarbeiter können sich selbst organisieren. Ihnen wird nichts aufgezwungen. Sie identifizieren sich vielmehr von allein mit dem Projekt«, schreiben die französischen Sozialwissenschaftler Luc Boltanski und Ève Chiapello in ihrem Buch *Der neue Geist des Kapitalismus.*

Der autokratische Chef, der seinen Mitarbeitern sagt, was sie zu tun haben, gehört der Vergangenheit an. Unter anderem hat sich das alte Modell als nicht mehr praktikabel erwiesen. Viele Probleme sind heute multidisziplinär. Komplexe Produkte machen es erforderlich, dass Mitarbeiter aus verschiedenen Bereichen, womöglich länderübergreifend und über Hierarchien hinweg, miteinander kooperieren.

Im modernen Management sehen Boltanski und Chiapello aber auch ein »Echo der antiautoritären Kritik und der Autonomiewünsche«, die im Zuge der 68er-Bewegung formuliert wurden: »So sind zum Beispiel die Eigenschaften, die in diesem neuen Geist eine Erfolgsgarantie darstellen – Autonomie, Spontaneität, Mobilität, Disponibilität, Kreativität, Plurikompetenz ... die Fähigkeit, Netzwerke zu bilden und auf andere zuzugehen, die Offenheit gegenüber anderem und Neuem, die visionäre Gabe, das Gespür für Unterschiede, die Rücksichtnahme auf die je eigene Geschichte und die Akzeptanz der verschiedenartigen Erfahrungen, die Neigung zum Informellen und das Streben nach zwischenmenschlichem Kontakt –, direkt der Ideenwelt der 68er entliehen.« Der moderne Kapitalismus – ein Produkt der Kapitalismuskritik.

Das Unternehmen wird vom bürokratischen Panoptikum zur Arena der Selbstverwirklichung, in der jeder sein »Potenzial« entfalten soll. Und der Chef wird zum Mitarbeiter-Versteher, der den Beschäftigten dabei hilft, ihr wahres Selbst zu realisieren.

»Die Betonung des Aufeinanderzugehens, authentischer menschlicher Beziehungen (im Unterschied zu einem bürokratischen Formalismus) bildet in der Welt der Produktionsorganisation eine Antwort auf die Stimmen, die die Entfremdung durch die Arbeit und die Automatisierung der menschlichen Beziehungen kritisiert hatten«, schreiben Boltanski und Chiapello: »Im neuen Kapitalismus sollen die Menschen ihre Gefühle, ihre Intuition und Kreativität ausleben können. Der Mitarbeiter ist nicht mehr bloß ein Instrument – sondern er soll die Möglichkeit bekommen, seine Wünsche auszuleben und sich selbst zu verwirklichen.«

In einem gängigen Lehrbuch der Organisationspsychologie werden die Vorteile eines modernen, partizipatorischen Führungsstils folgendermaßen beschrieben:

Partizipation
- hilft Mitarbeitern, die Gründe für eine Entscheidung zu verstehen,
- bringt Mitarbeiter dazu, sich mit einer Entscheidung zu identifizieren,

- erfordert, Ziele und Strategien gegenüber den Teilnehmern offenzulegen,
- erhöht die Motivation der Beteiligten,
- ist für die Teilnehmer befriedigend,
- führt zu sozialem Druck auf die Gruppenmitglieder,
  die Entscheidung zu akzeptieren,
- verbessert die Kommunikation und Konfliktlösung
  zwischen Vorgesetzten und Mitarbeitern,
- führt zu besseren Entscheidungen in dem Maße, in dem
  die Talente und Fähigkeiten der Gruppe genutzt werden.

Das klingt ziemlich überzeugend. Das Problem ist nur, dass
der »partizipatorische« Ansatz nicht immer funktioniert. Angenommen es geht um eine wichtige Entscheidung, aber die
Mitarbeiter teilen die Aufgabenziele ihres Chefs nicht. In diesem Fall wäre es vermutlich wenig sinnvoll, das ganze Team
am Entscheidungsprozess zu beteiligen. Man würde nur das
Risiko eingehen, einer potenziell unkooperativen oder desin-
teressierten Gruppe zu viel Gewicht einzuräumen.

Es gibt »demokratische« Manager, die ihr Team am liebsten in jeden Entscheidungsvorgang einbeziehen würden. Das
kommt bei den Mitarbeitern zwar gut an, kann aber auch
nach hinten losgehen.

Ein fiktives Beispiel aus der Verlagsbranche. Stellen Sie
sich vor, in einem Verlagshaus geht es um die Markteinführung einer aussichtsreichen neuen Zeitschrift. Die Entscheidung ist wichtig und drängend, da ein anderer Verlag ein
ähnliches Projekt in der »Pipeline« hat. Eine bestimmte Abteilung soll die Vorentscheidung treffen. Allerdings handelt
es sich um ein Konkurrenzprodukt zu bereits bestehenden
Titeln, die von der gleichen Abteilung produziert werden. Die
verantwortlichen Chefredakteure sind mehrheitlich gegen
das neue Produkt, weil sie um die Auflage ihrer eigenen Titel
fürchten. Trotzdem bindet sie der verantwortliche Manager
in den Entscheidungsprozess ein. Natürlich hofft er auf einen
Konsens. Doch statt einer schnellen Entscheidung gibt es
endlose Diskussionen. Die Chefredakteure zeigen ihren Wi-
derwillen gegen das Projekt.

Die Folge sind erhebliche Verzögerungen.

Schließlich bringt die Konkurrenz ihr Produkt als Erster heraus – und erobert innerhalb kürzester Zeit erhebliche Marktanteile. Die Verantwortlichen im Verlag sind zerknirscht. Aber Hauptsache, alle waren in die Entscheidung »eingebunden« – also kann sich auch niemand beschweren: Wenn es jemand verbockt hat, dann war es natürlich das »Team«.

Genau so agieren Weichmacher-Chefs: Sie geben sich als Demokraten. In Wahrheit jedoch wälzen sie nur Verantwortung ab, um ihr persönliches Risiko zu minimieren. Auf diese Weise lavieren sie sich durch Entscheidungsprozesse irgendwie durch. Wenn die Sache gut ausgeht, dann haben sie offenbar alles richtig gemacht. Im Falle eines Desasters waren sie wenigstens nicht allein dran schuld.

Die Insel der Verrückten

Jeder Vorgesetzte wünscht sich ein eingespieltes, »hochkohäsives« Team, auf das man sich verlassen kann. Doch selbst die besten Teams können aus dem Ruder laufen, wie ein berühmtes Fallbeispiel zeigt. Das Team der Abwasserreinigungsanlage auf einer Halbinsel im Hafenbecken von Boston war eigentlich der Traum jedes Managers. Seit den 60er-Jahren schützten die 80 Männer und Frauen den Hafen vor Verschmutzung. Die Gruppe gehörte zwar in die Zuständigkeit der Bostoner Metropolitan District Commission, doch sie arbeitete völlig selbständig, ohne jede Überwachung, leistete unbezahlte Überstunden und traf sogar selbständig Personalentscheidungen.

Wie sich später herausstellte, arbeitete das Team mit unorthodoxen, teilweise unwissenschaftlichen und riskanten Methoden. So nahm man etwa ungünstige Messergebnisse einfach nicht zur Kenntnis. Das Management in Boston ließ das Team einfach machen. Doch dann nahm die Katastrophe ihren Lauf. Das Management hatte sich zunächst geweigert, Mittel für die Wartung einiger Dieselmotoren zur Verfügung zu stellen. Als die Maschinen endgültig ihren Geist aufgaben, kam es im Januar 1976 zu einem ersten Zwischenfall – vier Tage lang floss unbehandeltes Abwasser ins Hafenbecken.

Wie immer versuchte das Team, das Problem ohne die Bostoner »Zentrale« zu lösen. Die Manager kümmerten sich nicht weiter darum. In der Folge kam es zu weiteren Unfällen, die alles nur verschlimmerten. Die Probleme dauerten an, bis die Anlage 1997 geschlossen wurde.

Ein autonomes, aber isoliertes Team, das sich seine eigenen Regeln schafft; Manager, die die Gruppe ungestört vor sich hin werkeln lassen – Organisationsforscher nennen diesen verheerenden Mechanismus seither »Nut Island Effect«.

Besonders interessant an dem Fall ist die Rolle der Manager in der »Zentrale«. Offenkundig ließen sie das Team viel zu lange unbeaufsichtigt gewähren. Sogar als die Probleme bereits »zum Himmel stanken«, vermieden sie eine harte Konfrontation.

Weichmacher lassen Teams gerne »in Ruhe arbeiten«, statt unangenehme Fragen zu stellen. Dazu gehört oft auch eine gute Portion Wunschdenken. Man redet sich ein, dass ohnehin alles »funktioniert« – selbst wenn es schon aus allen Winkeln dampft.

Die Motivationstrainer

In den 80er-Jahren begannen die Großunternehmen mit »Umstrukturierungen« – also mit massivem Personalabbau. Allein zwischen 1980 und 1985 entließ das weltgrößte Unternehmen General Electric 112.000 Mitarbeiter. GE-Boss Jack Welch kündigte an, er werde jedes Jahr weitere zehn Prozent der leistungsschwächsten Mitarbeiter feuern.

Die Idee des rein rationalen, analytischen Managements schien gescheitert zu sein. Wirtschaftskapitäne und ihre Berater suchten nach neuen Gurus und Heilslehren – von der Chaostheorie bis zu fernöstlicher Spiritualität. In seinem Buch *Auf der Suche nach Spitzenleistungen* forderte der ehemalige McKinsey-Berater Tom Peters, den »Faktor Mensch« in den Mittelpunkt zu stellen. Manager dürften sich nicht mehr bloß an Zahlen und Fakten orientieren, vielmehr müssten sie auch die Gefühle ihrer Mitarbeiter einbeziehen. Ein guter Manager müsse eine Art Motivationstrainer sein.

Der Boom der »emotionalen Intelligenz« kam da gerade recht. »Die grundlegende Aufgabe von Führungskräften besteht darin, in den Menschen, die sie führen, positive Gefühle zu wecken«, heißt es in Daniel Golemans 1998 erschienenem Buch *Emotionale Führung*. Eine schlechte Beziehung zu einem Vorgesetzten hingegen kann Mitarbeitern so zusetzen, dass sie an nichts anderes mehr denken können – schlecht für die Produktivität. Führungskräfte, die schlechte Stimmung verbreiten, schaden deshalb ihrem Unternehmen – während diejenigen, die gute Laune machen, zum Erfolg beitragen: »Wenn Leute sich gut fühlen, arbeiten sie am besten. Positive Gefühle fördern die geistige Effizienz. Es fällt den Leuten einfach leichter, Informationen zu verstehen und in komplexen Situationen Entscheidungen zu fällen.«

Ein guter Chef muss seine Emotionen im Zaum halten. Wer wirklich Macht hat, der darf sich nicht in emotionale Auseinandersetzungen verstricken. Wer seinem Ärger freien Lauf lässt, wer auf Provokationen reagiert, der zeigt Schwäche und emotionale Inkompetenz. »Wenn uns das Verhalten der Gegenseite wütend oder ängstlich macht, dann sind wir eher geneigt zu reagieren als zu denken. Wir streiten oder geben nach oder brechen die Beziehung ab, auch wenn mit keiner dieser Reaktionen unseren Interessen wirklich gedient ist«, schreiben die Harvard-Rechtsprofessoren Roger Fisher und William Ury in ihrem einflussreichen Buch *Schwierige Verhandlungen*. Selbstkontrolle bedeutet also, offene Konfrontationen unter allen Umständen zu vermeiden. »Der größte Fehler ist zu reagieren«, warnt das Managerhandbuch.

Mangelnde Selbstkontrolle einer Führungskraft schadet dem Team, behaupten Organisationsforscher. Ärger und Wut sind letztlich ineffektiv. Eine starke Führungskraft muss ihre negativen Emotionen daher kontrollieren können.

Natürlich will niemand einen Rumpelstilzchen-Chef, der bei jeder Gelegenheit in die Luft geht. Aber wollen wir wirklich Leute züchten, die überhaupt keine negativen Emotionen mehr zeigen? Wollen wir in den Führungsetagen nur noch emotional stabile Dauerlächler?

Echte Menschen

Von Managern wird heute wirklich viel verlangt. Sie sollen nicht bloß emotional kompetent, sondern zugleich auch »authentisch« sein, also »echt« und damit glaubwürdig wirken. »In Zeiten der Krise darf ein Leader kein bisschen Fake sein«, meinte Jack Welch, der Boss von General Electric. Sein eigener luxuriöser Lebensstil entsprach allerdings nicht ganz dem eines »schlanken Unternehmens«, das er selbst immer gepredigt hatte.

Authentizität gilt als Voraussetzung für den Erfolg. In einem Managementbuch heißt es: »Wenn Sie das Drehbuch für Ihr Leben selbst schreiben, dann haben Sie, ganz gleichgültig, was geschieht, das getan, was Ihrem Wesen am ehesten entspricht: Sie sind sich selbst treu geblieben.«

Authentische Menschen spielen keine Rolle, sie »inszenieren« sich nicht, sondern zeigen ihr »wahres Selbst«. »Die Wertschätzung von Authentizität rangiert ganz oben, dagegen trägt Inszenierung das Stigma von Lüge, Heuchelei und Verstellung«, meint die Soziologin Karin Priester: »Aus der Werbung und den Schulungskursen ist die Forderung nach Authentizität längst auf sämtliche Bereiche von Ökonomie und Kultur übergeschwappt.«

Priester bringt den »Zeitgeist des Authentischen« mit der Zunahme von Dienstleistungsberufen in Verbindung. Schon in den 30er-Jahren bemerkte Siegfried Kracauer über die Angestellten, ihr Beruf erfordere die »ganze Persönlichkeit«. Zur Zeit von Marx verkaufte man seine Arbeitskraft – heute verkauft man sich selbst als Träger bestimmter Persönlichkeitsmerkmale.

Der Begriff der Authentizität war seit der Romantik positiv besetzt – als Gegenbegriff zur Entfremdung des Menschen in der modernen Gesellschaft. Für Rousseau war der »wahre«, authentische Mensch der Naturmensch. Und nach Marx verwirklichte der ausgebeutete Arbeiter erst durch Selbstbestimmung sein wahres Wesen.

Den Drang zur Authentizität sieht Priester als Teil einer »aktiven Strategie des Selbstmanagements«. Man betreibt nicht bloß Selbstfindung – der postmoderne Mensch »erfindet« sein Selbst, er betreibt die »Inszenierung von egozentrischer Einzigartigkeit und Originalität«.

Heute gehört es zum guten Ton, dass Manager auch mal Schwächen zeigen. Auf Führungskräfteseminaren berichten sie dann von ihren schlimmsten Fehlentscheidungen, von persönlichen Macken, von psychischen Zusammenbrüchen und Beinahe-Burn-outs. Das macht sie sehr menschlich. Man fragt sich nur: Was soll dieser Bekenntniszwang?

Weichmacher spielen keine Rollen. Sie »verstellen« sich nicht, sondern geben sich in gewisser Weise so, wie sie wirklich sind – sie spielen immer nur sich selbst. Doch es ist eben nur ein Spiel. Hinter der Maske des immer gleichen Originals verbiegt sich der Weichmacher dann in alle Richtungen. So will er es selbst, so will es aber auch sein Unternehmen – und die alles verschlingende Harmoniekultur.

7 Die Soft-Läden oder: Wie Weichmacher ihre Firmen ruinieren

Ach, wie ist es nett. Was für eine angenehme Atmosphäre. So möchte man arbeiten, so möchte man sein: Überall trifft man auf freundliche Gesichter. Man duzt sich, man herzt sich, man wertschätzt einander.

Küsschen da, Küsschen dort.

Weichmacher-Unternehmen sind wie Wellness-Hotels.

Am schnellsten lernt man, für andere Kekse zu backen und in E-Mails am besten alle auf cc zu setzen. Jeder soll sich eingebunden fühlen. Schließlich gehören alle zum Team.

Besprechungen laufen ab wie Kaffeekränzchen. Man plaudert, erzählt Anekdoten und tauscht Befindlichkeiten aus. Gelegentlich wird etwas »andiskutiert«, selten was entschieden. Anschließend geht man wieder so nett auseinander, wie man zusammengekommen ist. Und hinterher weiß man oft nicht, was genau denn nun in den letzten zwei Stunden besprochen wurde. Es spielt auch keine Rolle, weil es ohnehin keine Konsequenzen hat.

So leidenschaftslos-freundlich die Meetings heruntergespult werden, so enthemmt verlaufen Betriebsausflüge. Da herrscht dann Skikursatmosphäre pur. Man kommt sich näher, hüpft spätnachts noch nackt in den Pool. Oder gibt sich einfach nur die Kante – mit viel »Teamgeist«, selbstverständlich.

Nach meinem ersten Tag in einem solchen Unternehmen sagte ich zu meiner Freundin: »Wahnsinn – sind die nett!« Erst im Laufe der Zeit merkt man, dass da irgendetwas nicht stimmt.

Der Organisationspsychologe Edgar Schein verglich die Kultur einer Organisation einmal mit einem Eisberg: 90 Prozent liegen unter der Oberfläche. Deutlich zu sehen sind nur die sichtbaren »Schöpfungen« der Kultur – wie etwa Verhaltensweisen, Sprache, Dresscode oder Rituale. Nur in Umrissen zeichnen sich die Werte und Ziele des Unternehmens ab. In der Tiefe verborgen liegen aber jene unbewussten Grundannahmen, die den eigentlichen Kern der Kultur bilden – ihren genetischen Code. Niemand hinterfragt diese Annahmen, alle setzen sie als selbstverständlich voraus – ein Verhalten, das auf einer anderen Prämisse beruht, erscheint als undenkbar. In einer Ingenieurkultur wäre eine solche Annahme etwa, dass Maschinen betriebssicher sein müssen. Also würde kein Ingenieur absichtlich eine betriebsunsichere Maschine bauen. Genauso wenig wird ein Arzt auf die Idee kommen, Patienten absichtlich zu schädigen. Oft sind solche Grundannahmen jedoch wesentlich schwerer zu erkennen.

Schein erläutert das an folgendem Beispiel. Wenn wir von der Grundannahme ausgehen, dass uns andere bei jeder Gelegenheit auszunützen versuchen, dann werden wir ihr Verhalten entsprechend interpretieren. Wenn ein Mitarbeiter untätig am Schreibtisch sitzt, werden wir sein Verhalten eher für »Faulenzen« halten als für »intensives Nachdenken«. Und wenn jemand nicht im Büro ist, werden wir eher denken, dass er sich vor der Arbeit drückt, als dass er von zu Hause aus arbeitet. Die Macht einer Kultur entsteht nach Schein dadurch, dass diese Grundannahmen »geteilt und gegenseitig verstärkt« werden.

Harmoniekulturen bestehen aus zwei Realitäten. Die eine ist die freundliche Oberfläche, die andere der finstere Untergrund. In der einen Welt regiert das strahlende Lächeln, das lockere Witzchen, das motivierende Lob. In der anderen brodeln Gerüchte und Intrigen. Beide Realitäten klaffen auseinander. Harmonieterroristen führen ein Doppelleben – das eine an der Oberfläche, das andere im Untergrund.

Gerade erfolgreiche Unternehmen sind für Harmoniekulturen besonders anfällig. Der Grund ist simpel: In guten Zeiten tendieren Unternehmen dazu, unpopuläre, konfliktträchtige Entscheidungen aufzuschieben. Es gibt keinen Anlass, Strukturen zu verändern und Gewohnheiten zu hinterfragen. Solange alles gut läuft, muss man eben nichts verändern. *Never change a winning team.* Erst Krisen machen klar, dass es so nicht weitergehen kann. Dann lassen sich Konflikte nicht länger vermeiden, Probleme nicht mehr verdrängen. Dann treffen schneidige Change-Manager auf Weichmacher, die plötzlich ihren »Laden« und die Welt nicht mehr verstehen: *Es macht keinen Spaß mehr, hier zu arbeiten. Die Stimmung ist katastrophal.*

Einen solchen Prozess habe ich in einem großen deutschen Verlagshaus miterlebt. Jahrzehntelang war das »Gold aus den Steckdosen« geflossen, wie sich ein älterer Kollege einmal ausdrückte. Zeitschriften waren Gelddruckmaschinen. Unter einer Auflage von 100.000 Exemplaren fasste man ein Projekt erst gar nicht an. Wie in anderen Verlagen auch baute man üppig Personal auf. Geld spielte keine Rolle. Schon lange wusste man, dass das eine oder andere Magazin auch mit viel weniger Redakteuren zu machen war. Viele Redakteure mit Spitzengehältern brachten schlicht ihre Geschichten nicht mehr ins Heft. Doch im Verlag herrschte eine Kultur der unverbindlichen Freundlichkeit und Harmonie. Dann geschah das Unvorstellbare.

Die strukturellen Probleme hatten sich schon länger abgezeichnet. Doch nun kam die Finanzkrise. Plötzlich herrschte, wie man so sagt, akuter Handlungsbedarf.

Seit Jahren gehen die Auflagen im Printgeschäft kontinuierlich zurück. Mit der Rezession brachen auch die Anzeigenerlöse weg. Viele Verlagsmanager zweifelten daran, dass »Print« überhaupt noch eine Zukunft hat. Mit anderen Worten: Sie hatten den Glauben ans eigene Kerngeschäft verloren. Das Management begann, den Verlag umzubauen. Im ersten Anlauf setzte man auf eine Web-Strategie. Doch bald zeigte sich, dass damit zumindest kurz- und mittelfristig kein Geld zu verdienen war. Also setzte man auf Umstrukturierung und konsequenten Sparkurs. Man legte Redaktionen zusammen und baute Stellen ab. Von Beginn an versuchte das Management, ein Gefühl vom Ernst der Lage zu vermitteln – »a sense of urgency«, wie es der Change-Experte John Kotter einmal ausgedrückt hat. Und dazu gehörte auch die eine oder andere Botschaft an die Leute auf den »Sonnendecks« – eine wohlgezielte Provokation, die im Haus für unglaubliche Aufregung und Empörung sorgte.

Der Veränderungsprozess traf die Harmoniekultur mitten ins Mark. Die Weichmacher verstanden ihre Welt nicht mehr.

Der Preis von langjähriger Konfliktvermeidung ist oft, dass notwendige Maßnahmen verschleppt werden und sich das Unternehmen nur langsam an veränderte Marktbedingungen anpassen kann. Und je harmoniesüchtiger die Unternehmenskultur, desto härter trifft sie der unausweichliche Konflikt. Dann versagen plötzlich all die Rituale der »Friedhöflichkeit«, die bisher so geschmeidig funktioniert haben. Dann entdecken plötzlich die Betriebsräte, die jahrelang die Harmoniekultur befestigt haben, den knallharten Klassenkampf. Und wenn Personalabbau ansteht, erweist sich die Wellness-Atmosphäre keineswegs als Vorteil, sondern als böser Fluch.

Im Auge der Krise zeigen die Weichmacher dann ihr wahres Gesicht. Mit der gleichen Flexibilität, mit der sie zuvor den harmonischen Gleichklang mitgesummt haben, streichen sie nun die Stellen: *Wir sitzen alle im selben Boot.*

Harmoniesucht kann Unternehmen ruinieren. Der Change-Management-Berater Winfried Berner schildert eindrücklich den Fall eines traditionsreichen Pharmaunternehmens, das ein höchst profitables Geschäft um ein patentgeschütztes Medikament aufgebaut hatte. Jahrelang hinkte die Konkurrenz hinterher. Das Unternehmen galt als einer der beliebtesten Arbeitgeber in der Region. Die Mitarbeiter waren stolz auf ihr Unternehmen – und sie glaubten, einen Job fürs Leben zu haben: In der ländlichen Gegend begegneten sich die Mitarbeiter auch privat auf Schritt und Tritt – ob beim Bäcker oder im Sportverein. Die räumliche und persönliche Nähe zwischen den Mitarbeitern führte dazu, dass auch offenkundige Personalprobleme wie Alkoholismus oder schwarzarbeitsbedingte Fehlzeiten nicht angegangen wurden, so Berner. Zugleich kamen vor allem jene Mitarbeiter in Führungspositionen, die

»bewiesen hatten, dass sie in unsere Kultur passten«. Wer hingegen zu unangepasst war, machte keine Karriere, weil er »nicht die nötige Akzeptanz besaß« und »unsere Kultur nicht verstanden hatte«.

Im Verlauf der Zeit verlor das Unternehmen Marktanteile, die Wettbewerber schlossen immer weiter auf. Schließlich schrieb man zum ersten Mal rote Zahlen. Das Management hielt die Nachricht jedoch vor der Belegschaft geheim, schildert Berner, »um keine Unruhe zu schaffen«. Die Sanierungsmaßnahmen blieben entsprechend halbherzig. In der Krise wurde das Unternehmen schließlich von einem internationalen Konzern übernommen – im Zuge des »Personalabbaus« verloren fast ein Drittel der Mitarbeiter ihren Arbeitsplatz. Die Stimmung schlug in Resignation um. Schließlich gab der Konzern das Geschäftsfeld auf – und der Standort wurde geschlossen.

Eine traurige Geschichte. Die Ironie liegt darin, dass Harmoniesucht letztlich ihr genaues Gegenteil produziert. Wo alle »Freunde« sind, gibt es in der Krise nur noch Feinde. Auch deshalb sind mir Unternehmen suspekt, die das Wir-Gefühl über die Maßen betonen.

Im Wirtschaftsmagazin *brand eins* erschien einmal das Porträt eines ebenso bemerkenswerten wie gespenstischen Unternehmens. In der Freiburger Softwarefirma Sidoun, die 28 Mitarbeiter beschäftigt, ist das Berufliche privat – und umgekehrt. Die Firma sei keine »Geldmaschine, sondern ein Organismus«, sagt der Gründer Gerard Sidoun: »Wir sind da, um sowohl unsere Kunden als auch unsere Mitarbeiter glücklich zu machen.«

»Ich spüre, dass wir hier befreundet sind«, sagt Gerard Sidoun. »Ich könnte mitten in der Nacht bei einem Mitarbeiter anklingeln, und er würde mir einen Schlafplatz anbieten.« Damit das Team ein Freundeskreis bleibt, testet Sidoun in den Vorstellungsgesprächen sehr genau, ob ein Bewerber passt. Als »eine Firma, deren Mitarbeiter nicht nur Kollegen, sondern Freunde sind«, beschreibt sich das Unternehmen in seinen Stellenanzeigen. Potenzielle Bewerber werden geduzt und gleich vorgewarnt: »Wir erwarten, dass du dich mit unseren Werten identifizieren und diese leben kannst.« Wer nicht bereit ist, sich

mit den Kollegen anzufreunden oder mit ihnen zu meditieren, wird nicht eingestellt. Und wer nicht warm wird mit den anderen, verlässt das Unternehmen schnell von sich aus wieder.«

Der *brand-eins*-Autor befragte einige Organisationspsychologen, was sie von der beschriebenen Unternehmenskultur hielten. »Diese Art von Kultur kann leicht ins Sektenhafte abgleiten«, kommentierte etwa der Personalentwicklungsexperte Christian Scholz, Professor an der Universität des Saarlandes: »Das ist gefährlich, weil so womöglich geschäftlich relevante Informationen systematisch ausgeblendet werden. Einem Geschäftspartner kann man eben eher die Meinung sagen als einem Freund, mit dem man abends noch grillen geht.«

Da bricht er wieder durch, unser natürlicher Freundlichkeitsinstinkt. Und bereitet unserer Vernunft Probleme. Ausgerechnet unser Drang nach Harmonie bringt uns in einen inneren Konflikt. Im zweiten Teil dieses Buches geht es um den Widerstreit zwischen Harmoniestreben und Konflikt, zwischen Konsens und Dissens – zwischen konformistischen Weichmachern und Querdenkern, die sich für ihre Meinung »kreuzigen« lassen.

TEIL III:
DER HARMONIEKONFLIKT

8 Das Schweigen der Lämmer oder: Warum Weichmacher mit der Herde ziehen

Die Geschichte beginnt Anfang der 50er-Jahre. Acht junge Männer versammeln sich in einem Seminarraum. Es herrscht lockere Atmosphäre, man plaudert und raucht. Die College-Studenten sollen an einem psychologischen Experiment teilnehmen, bei dem es um visuelle Wahrnehmung geht. Rekrutiert wurden sie von Freunden und Verbindungsbrüdern – unter strikter Geheimhaltung.

Nach einigen Minuten betritt Professor Solomon Asch den Raum und bittet die Männer, Platz zu nehmen. In osteuropäischem Akzent erklärt der Wissenschaftler das Experiment. Dazu zeigt er zwei große weiße Karten. Auf der einen ist eine schwarze Linie zu sehen, auf der anderen sieht man drei Linien von deutlich unterschiedlicher Länge, die mit 1, 2 und 3 nummeriert sind. »Eine dieser Linien ist gleich lang wie die Linie auf der anderen Karte«, erklärt Asch: »Meine Herren, Sie sollen entscheiden, welche Linie das ist.« Insgesamt sollen 18 solche Längenvergleiche durchgeführt werden. Unter den drei Linien gebe es immer eine Linie, die mit der Vergleichslinie übereinstimme. Der Professor erklärt, er werde einen Probanden nach dem anderen befragen.

Die Aufgabe klingt denkbar simpel.

Es geht los mit den ersten zwei Karten. Ganz offensichtlich

lautet die richtige Antwort »Linie 2«. Nacheinander geben die Teilnehmer ihr Urteil ab. Jeder wählt Linie 2. Auch beim zweiten Kartenpaar ist völlig klar, welche die richtige Linie ist. Eigentlich ein ziemlich langweiliges Experiment. Doch beim dritten Durchgang geschieht etwas Merkwürdiges. Zunächst gibt wieder ein Teilnehmer nach dem anderen die gleiche Antwort: »Es ist Linie 1.« Doch einer der letzten Probanden zögert plötzlich. Seltsam, denkt der Mann: »Ich könnte schwören, es ist Linie 3. Sehe ich wirklich so schlecht?« Schließlich sagt er leise: »Es ist Linie 1.«

Was der zögerliche Proband nicht weiß: Er ist die einzige wirkliche Versuchsperson im Raum. Um ihn dreht sich eigentlich alles. Die übrigen »Probanden« sind bloß Komplizen der Forscher: Sie wurden instruiert, in bestimmten Fällen einhellig die falsche Antwort zu geben. Für den wahren Probanden eine ziemlich verwirrende Situation: »Wir haben ihn zwei gegenläufigen Kräften ausgesetzt – der Evidenz seiner Sinne und der einhelligen Meinung einer Gruppe seiner Kollegen«, schrieb Asch später.

Das Experiment war sorgfältig aufgebaut. Manchmal antworteten die Komplizen auch korrekt, um die wahre Versuchsperson in Sicherheit zu wiegen. Doch in zwölf von 18 Durchgängen gaben sie die falsche Antwort. Asch führte das Experiment in den 50er-Jahren mit insgesamt 123 Versuchspersonen durch.

Das Ergebnis war ziemlich schockierend. Wenn sie auf sich allein gestellt waren, bewältigten fast alle Probanden die Aufgabe ohne einen einzigen Fehler. In der manipulierten Gruppe hingegen schaffte das nur ein Viertel der Versuchspersonen – rund drei Viertel schlossen sich also mindestens einmal der Mehrheit an.

Als Asch die Probanden fragte, warum sie der Mehrheit gefolgt waren, statt ihren eigenen Sinnen zu trauen, bekam er unterschiedliche, höchst aufschlussreiche Antworten. Manche erklärten einfach, sie hätten sich schlicht geirrt – und die anderen hätten recht. Andere behaupteten, sie hätten die Ergebnisse des Experiments nicht »zerstören« wollen. Laut Asch glaubten zwar viele, dass die Mehrheit bloß wie eine Schafherde dem ersten Antworter folgte – oder dass diese sogar einer optischen Illusion unterlag. All das hinderte sie jedoch nicht, trotzdem der Mehrheitsmeinung zu folgen.

Der polnische Jude Solomon Asch wollte eigentlich verstehen, wie es dazu kommen konnte, dass Millionen Deutsche der Nazi-Ideologie gefolgt waren. Seine Experimente zeigten, dass Menschen selbst dann der Gruppe folgen, wenn sie dabei nichts zu gewinnen haben – und sogar wenn die Mehrheitsmeinung ihrer sinnlichen Evidenz widerspricht. »Dass wir eine Tendenz zu Konformität in unserer Gesellschaft gefunden haben, die derart stark ist, dass intelligente junge Leute schwarz für weiß halten, ist besorgniserregend«, schrieb Asch 1955: »Es wirft Fragen über unsere Bildung und unser Wertesystem auf.« Die Asch-Experimente wurden mittlerweile in 17 Ländern wiederholt. In rund 130 Experimenten zeigte sich das gleiche Ergebnis. In 20 bis 40 Prozent passten sich die Probanden an die Mehrheit an.

Schon lange wissen die Sozialpsychologen, dass Menschen zu Konformismus tendieren. In vielen Situationen folgen wir einfach der Herde. Dafür gibt es eine Reihe von Gründen. Jeder will von seiner Gruppe geschätzt werden. Wenn die Meinung des Teams in eine bestimmte Richtung geht, wird er sich der Mehrheit tendenziell anschließen – und eine eventuell abweichende Meinung zurückhalten. Studien haben außerdem gezeigt, dass Teammitglieder die Entscheidung der Gruppe eher für richtig halten als ihre individuelle Entscheidung. Wenn alle die gleiche Meinung vertreten, kann sie nicht so falsch sein. Zugleich muss sich niemand individuell für die Entscheidung verantwortlich fühlen.

Die Evolution scheint den Hang zum Konformismus fest in unserem Gehirn verdrahtet zu haben. Mit Methoden der funktionellen Bildgebung wiederholte der US-Neuroökonom Gregory Berns die Experimente Solomon Aschs aus den 50er-Jahren. Statt die Längen von Linien zu schätzen, sollten die Probanden auf dem Computerbildschirm dreidimensionale Figuren miteinander vergleichen und angeben, welche davon identisch waren. Dazu mussten sie die Figuren »mental drehen«, wie beim Computerspiel Tetris. Wie Solomon Asch heuerte auch Berns Schauspieler an, die sich als Versuchspersonen ausgaben. Das Resultat ähnelte jenem der Asch-Experimente: Wenn die Teilnehmer das Problem für sich allein lösten, fanden sie in 86 Prozent der Fälle die richtige Antwort. Aber wenn die Gruppe zuvor die falsche Antwort genannt hatte, erreichten sie nur noch 59 Prozent – das Ergebnis war also kaum besser, als wenn sie einfach nur eine Münze geworfen hätten. Laut Berns konnten die Probanden nicht sagen, warum sie sich auf die Gruppenmeinung verlassen hatten – und nicht auf die eigene Wahrnehmung. Doch die Hirnscans lieferten eine mögliche Erklärung. Bei jenen Probanden, die sich mit ihrer Meinung gegen die Gruppe stellten, wurde die Amygdala aktiv, eine Hirnregion, die mit Angstreaktionen zu tun hat. Offenbar führt Nonkonformismus zu mentalem Stress.

Weichmacher sind die geborenen Schafe. Am liebsten ziehen sie mit der Herde. Der Grund liegt in ihrer Konfliktscheu, aber auch in ihrem übersteigerten Teamdenken.

Falscher Konsens

Menschen neigen oft dazu, ihre eigenen Überzeugungen und Vorlieben auf andere zu projizieren. Wenn wir selbst etwas gut finden, dann denken wir tendenziell, dass auch andere das gut finden. Wer Fußball liebt, geht selbstverständlich davon aus, dass die Welt nur aus Fußballfans besteht. Begeisterte »Teamplayer« halten Teamfähigkeit für weitverbreitet. Eine Erklärung für diesen Effekt liegt schlicht darin, dass wir nach einer positiven Einschätzung durch andere streben. Wenn die eigene Meinung »im Mainstream« liegt, dann fühlen wir uns auch selbst mehr anerkannt, als wenn wir glauben würden, zu einer winzigen Minderheit zu gehören. Zugleich sind wir tendenziell Informationen und Menschen ausgesetzt, die unsere Überzeugungen weiter bestätigen. Im Sinne der These dieses Buchs: Ein Weichmacher ist meist von anderen Weichmachern umgeben. Dadurch entsteht für ihn der Eindruck, als würde die Welt nur aus Weichmachern bestehen.

Für den Sozialpsychologen Thomas Gilovich gibt es noch einen dritten Faktor. Theoretisch wissen wir zwar, dass andere Leute andere Vorlieben, Werthaltungen und Überzeugungen haben. Weniger bewusst ist uns, dass verschiedene Menschen Situationen unterschiedlich interpretieren – und zwar auch dann, wenn sie prinzipiell der gleichen Meinung sind. Die Konsequenz ist, dass wir oft Konsens annehmen, wo es in Wahrheit gar keinen Konsens gibt. Die vermeintliche Unterstützung durch andere bestärkt uns nur noch weiter darin, dass wir mit unserer Überzeugung richtigliegen – wie falsch sie auch sein mag.

Eigentlich sollte man vermuten, dass man im sozialen Leben mit einer falschen Ansicht nicht weit kommt: Irgendjemand müsste einem doch widersprechen – und den Irrtum aufklären. Doch genau das ist nicht immer der Fall. Kinder sind oft auf geradezu brutale Weise ehrlich zu anderen. Doch welcher Erwachsene würde einen Kollegen umstandslos auf einen peinlichen Fehler aufmerksam machen, wenn es nicht unbedingt nötig ist? Auf das korrigierende Feedback wartet man in vielen Situationen vergeblich. Einer der Gründe liegt darin, dass wir uns oft mit Menschen umgeben, die uns in vielerlei Hinsicht ähnlich sind – in ihren Überzeugungen, in ihren Werten und Gewohnheiten. Aber auch bei Menschen mit ganz anderen Ansichten haben wir oft Schwierigkeiten, ein ehrliches Feedback zu geben: »Im Allgemeinen stellen Menschen die Überzeugungen anderer nur widerwillig infrage«, schreibt Gilovich.

Zum Teil scheint das eine Frage von Takt und gutem Benehmen zu sein. Immer schon verbrieften Benimmregeln gesellschaftliche Normen für den Umgang mit anderen. Bis heute halten wir bestimmte Formen der Kritik schlicht für unhöflich und taktlos. Niemand würde einen Kollegen beim Sektempfang darauf aufmerksam machen, dass sein Hosenstall offen steht – jedenfalls nicht vor versammelter Runde. Allerdings haben sich auch die Höflichkeitscodes verändert.

Seit Beginn des 21. Jahrhunderts sei eine »Konjunktur der Höflichkeit« zu beobachten, meint Britta Rang, pensionierte Professorin für historische Bildungsgeschichte an der Universität Frankfurt. Was Ende der 1960er- und Anfang der 1970er-Jahre verpönt gewesen sei, gelte heute wieder als erstrebenswert. Rang definiert Höflichkeit als »einen Modus von

Verhaltensweisen, mit denen Rücksicht auf andere genommen wird«. Lange galt es als unschicklich, andere Menschen überhaupt offen zu kritisieren. Heute stehen Respekt und Sachlichkeit im Vordergrund. So schreibt etwa Inge Wolff, die Vorsitzende des Arbeitskreises Umgangsformen International: »Vernünftige sachliche Gespräche über all diese Punkte, die zu Missstimmungen führen können, sind wichtig und hilfreich für ein besseres Betriebsklima. Sie sollten aber so geführt werden, dass die Akzeptanz für den anderen und das Wahren seiner persönlichen Grenzen klar zum Ausdruck kommen.«

Hinter der Fassade

Auf den ersten Blick sind Weichmacher höfliche Menschen. Sie wollen niemanden verletzen, mit Kritik halten sie sich deshalb zurück. Doch das ist nur die Oberfläche.

Jeder kennt das Phänomen: In einem Meeting sind sich wundersamerweise alle einig – doch was jeder Einzelne wirklich gedacht hat, erfährt man hinterher auf den Fluren. Dann streunen die Sitzungsteilnehmer von Büro zu Büro, dann rotten sich die Fraktionen zusammen, um verschwörerisch das Ergebnis zu kommentieren: »Mach mal die Tür zu«, heißt es dann. Und: »Na, wie hast du das eben gefunden?« Eine der Folgen von Harmoniesucht ist naturgemäß der Klatsch. Darin entlädt sich dann der aufgestaute Dissens, den zuvor niemand direkt auszudrücken wagte. Was man zum eigentlichen Adressaten nicht sagen kann oder will, das teilt man jemandem anderen mit, erklärt Sozialpsychologe Gilovich – und zwar natürlich jemandem, von dem man Zustimmung erwartet.

Klatsch und »Flurgespräche« haben einen weiteren Nutzen: Durch Klatsch kann jeder sein unvollständiges oder ungenaues Wissen mit dem der anderen verbinden. »Da wir wissen, dass jeder versucht, den Interaktionen mit anderen einen freundlichen Anstrich zu geben, können wir nie sicher sein, ob wir die vollständige und ehrliche Wahrheit von jemandem gehört haben«, sagt Gilovich. Wie beurteilt der Chef meine Leistung wirklich? Findet der Kollege den Vorschlag tatsächlich gut – oder wollte er mich bloß nicht verletzen? Und unterstützt er die Entscheidung, weil er sie für richtig hält – oder bloß aus taktischen Gründen? Der tiefere Grund, warum Klatsch oft so wichtig ist, liegt darin, dass wir nicht immer aufrichtiges Feedback bekommen. »Klatsch hilft, diese Lücke zu füllen«, meint Gilovich.

Je harmoniesüchtiger und konfliktscheuer ein Team, desto mehr wird hinter den Kulissen besprochen. Die Folge ist eine Kultur der Intransparenz, in der jeder davon ausgeht, dass ohnehin niemand die Wahrheit sagt – und dass die wirklich wichtigen Dinge nicht im Meeting zur Sprache kommen, sondern erst hinterher. Das führt wiederum zu undurchsichtigen Entscheidungsprozessen und Intrigen, die den viel beschworenen Teamgeist ad absurdum führen.

Nun kann man einwenden: So läuft es nun mal – und wer damit nicht zurechtkommt, wird sich in bestimmten Organisationen eben nicht durchsetzen. Gerade in größeren Unternehmen gehe es nun mal »politisch« zu – womit anscheinend impliziert wird, dass Offenheit in der Wirtschaft genauso wenig gefragt ist wie in der Politik.

Menschen haben allgemein Schwierigkeiten damit, anderen unangenehme Wahrheiten zu sagen. Das gehört zu unserem Harmonieinstinkt. Jeder von uns wird ständig angelogen. Und keiner kann von sich behaupten, anderen immer reinen Wein einzuschenken. Oft kann es sogar ausgesprochen vernünftig sein, mit der Wahrheit sparsam umzugehen. In harten Verhandlungen wird man nicht unbedingt eigene Schwächen offenbaren. Und wer seinen Kollegen um einen Gefallen bittet, wird nicht zugleich seine Arbeit kritisieren.

Doch Weichmacher instrumentalisieren diese Tendenz. Wenn sie in Sitzungen schweigen, dann tun sie das, um sich alle Optionen offenzuhalten. Wer sich auf eine Meinung festlegt, macht sich immer angreifbar. Eine Meinung kann zitiert und gegen einen verwendet werden. Meinung macht unflexibel. Weichmacher aber wollen immer schön biegsam bleiben. Zur Wahrheit pflegen sie deshalb lieber ein taktisches Verhältnis. Darum sagen sie oft weder was sie wirklich denken – noch was sie wissen. Persönlich sind mir aufrichtige Leute

sympathischer – aber das ist nicht der Punkt. Dass Weichmacher manchmal moralisch fragwürdig agieren, ist eine Sache.
Die andere ist, dass sie damit ihrer Gruppe schaden. Das Resultat ist nämlich, dass die Gruppe schlechte Entscheidungen
trifft – oder gar keine.

Versteckte Gedanken

Manchmal behalten Gruppenmitglieder einfach wesentliche
Informationen für sich, statt sie mit ihrer Gruppe zu teilen.
Solche »hidden profiles« haben mit einem anderen bekann-
ten Gruppeneffekt zu tun: Informationen, über die alle oder
die meisten Gruppenmitglieder verfügen, haben auch den
größten Einfluss auf die Gruppenentscheidung. Umgekehrt
werden Informationen, die nur eine Minderheit hat, tendenziell ignoriert.

Stellen Sie sich folgende Situation vor. Drei Manager entscheiden über die Besetzung eines Marketingleiterpostens.
Drei Kandidaten stehen zur Auswahl. Zu jedem gibt es eine
zusammenfassende Bewertung. Allerdings bekommt jeder
der Manager nur Auszüge aus den Bewertungsbögen – jeder
hat also nur einen Teil der relevanten Information. Das Ergebnis des Experiments, das sowohl mit direktem Kontakt
als auch online durchgeführt wurde, war verblüffend. Zum
einen kam die Gruppe zu einer extremeren Position als die
einzelnen Mitglieder für sich allein. Zum anderen aber traf
keine der Gruppen letztlich die offensichtlich richtige Entscheidung. Der simple Grund: Es gelang den Gruppenmitglie-
dern nicht, ihre Informationen offen genug auszutauschen,
um eine objektive Entscheidung zu ermöglichen. Stattdessen
lieferten sie tendenziell positive Informationen zum »Gewinner« und negative Informationen zum »Verlierer«; umgekehrt
hielten sie negative Informationen über den favorisierten
Kandidaten und positive Informationen über den abgeschla-
genen Kandidaten zurück. Mit anderen Worten: Alle mar-
schierten brav Richtung Konsens, statt die Diskussion mit
abweichenden Informationen zu verkomplizieren!

Ganz ähnliche Situationen habe ich bei Meetings immer

wieder erlebt. Die Gruppe steuert auf eine einstimmige Entscheidung zu – und niemand will mehr ausscheren. Also behält man Bedenken oder abweichende Infos für sich, um die Diskussion nicht wieder neu anzuheizen – allein schon, weil niemand schuld daran sein möchte, dass die Gruppe wieder »bei null« beginnen muss. Mein persönlicher Eindruck ist: Wer möglichst schnell zu einem Konsens kommen möchte, muss entscheidende Meetings einfach Freitag spätnachmittags ansetzen.

Angenommen ein Managementteam soll entscheiden, ob das Unternehmen ein bestimmtes Produkt auf den Markt bringen soll. Nacheinander sagen alle ihre Meinung. Jeder hat aufgrund seiner Erfahrung seine eigene Sicht der Dinge. Zugleich achtet jeder aber auch auf die Meinungen der anderen. Müller spricht als Erster – er ist für die Markteinführung. Als Zweiter ist Maier dran, der nun Müllers Meinung kennt. Auch er ist dafür. Allerdings könnte es sein, dass er »privat« eigentlich anderer Meinung ist – allerdings ist er sich nicht sicher. Nur weil sich Müller, dem er vertraut, für das Produkt ausspricht, hält er mit seiner wahren Meinung hinter dem Berg. Als Dritter ist Schmidt an der Reihe. Aufgrund seiner Informationen hält er die Entscheidung für falsch. Allerdings könnte er denken, dass Maier und Müller gute Gründe für ihre Meinung haben – und ihnen trotzdem folgen. Wenn er das tut, befindet er sich nach Cass R. Sunstein von der Harvard Law School in einer »Informationskaskade«. Alle weiteren Vorstände könnten sich nun an Schmidts Verhalten orientieren – und für die Entscheidung eintreten, obwohl ihre Informationen eigentlich dagegen sprechen. Und das könnte auch passieren, wenn Maiers erste Einschätzung vollkommen falsch war. Mit anderen Worten: Ein Fehler löst eine Kette von weiteren Fehlern aus. »Wenn das passiert, liegt ein großes soziales Problem vor: Die Leute in der Kaskade geben ihre privaten Informationen nicht preis. Die Entscheidung des Unternehmens wird nicht das gesamte Wissen der Verantwortlichen widerspiegeln, sogar wenn die Informationen der einzelnen Mitarbeiter, falls diese preisgegeben worden wären, zu einem besseren und ganz anderen Resultat geführt hätten«, schreibt Sunstein.

Aber ist das wirklich realistisch? Kann es sein, dass sich in einer Gruppe von hoch bezahlten, gut ausgebildeten Leuten alle wie die Lemminge verhalten?

Oh ja!

Genau das passiert.

Immer wieder habe ich erlebt, dass in einer Runde Konsens herrschte – obwohl ich gleichzeitig aus Einzelgesprächen wusste, dass es durchaus einige Gegenmeinungen gegeben hätte.

Gruppendenken

Gruppen tendieren nicht nur zu Konformität, sondern unter bestimmten Umständen auch zu Extremen. Der US-Wissenschaftler Irving Janis nannte dieses Phänomen »Groupthink«. Mitglieder solcher Gruppen fühlen sich häufig unverwundbar, sie ignorieren unangenehme Fakten und neigen zu übertriebenem Optimismus und Schönfärberei. Um den Konsens nicht zu gefährden, stellen sie ihre persönlichen Bedenken oft zurück. Janis selbst definierte Groupthink als »Denkmodus, in den Personen verfallen, wenn sie Mitglied einer hoch kohäsiven Gruppe sind, wenn das Bemühen der Gruppenmitglieder um Einmütigkeit, ihre Motivation, alternative Wege realistisch zu bewerten, übertönt«. An Beispielen aus der US-Außenpolitik zeigte Janis damals, dass Groupthink desaströse Folgen haben kann – wie etwa das Fiasko der US-Invasion in der Schweinebucht.

Die überaus lehrreiche Geschichte in aller Kürze: Der amerikanische Vizepräsident Richard Nixon hatte den Plan entwickelt, Exilkubaner auszubilden, um die Regierung unter Fidel Castro zu stürzen. Präsident John F. Kennedy schloss sich dem Vorhaben auf Anraten der CIA an. Doch die Aktion scheiterte desaströs. Am 17. April 1961 tauchten vier Schiffe mit 1.400 Exilkubanern in der Schweinebucht auf Kuba auf, trotz Unterstützung durch US-Truppen konnte jedoch kein einziges landen. Zwei Schiffe wurden versenkt, die »Rebellen« von der kubanischen Armee gefangen genommen. Bald wurde klar, dass die US-Regierung hinter der Aktion stand.

Doch keiner konnte mehr erklären, wie es eigentlich zu dem Entschluss gekommen war. Kennedy musste sich öffentlich fragen:»Wie konnte ich so dumm sein und sie weitermachen lassen?« Doch der Grund lag nicht in der Inkompetenz seiner Berater – sondern in einer verheerenden Gruppendynamik. Einige der Berater, durchweg brillante Köpfe, hatten durchaus Zweifel, doch sie behielten sie für sich – teilweise aus Angst, vor ihren Kollegen als»Weicheier« dazustehen.

»Die Gruppe vertraute auf Kennedy, und Kennedy vertraute auf den Geheimdienst und die Militärs«, schreibt Janis in seiner Studie. Der Wissenschaftler zitierte den ehemaligen Präsidentenberater Arthur Schlesinger, der anfangs von der Militäroperation abgeraten hatte, in einer entscheidenden Besprechung aber schwieg:»Unsere Besprechungen fanden in einer eigentümlichen Atmosphäre stillschweigend angenommener Übereinstimmung statt ... aufgrund der Umstände, unter denen die Diskussionen stattfanden, hat niemand den ganzen Unsinn abgeblasen ... Wenn sich auch nur einer der Berater gegen das Abenteuer ausgesprochen hätte, so glaube ich, Präsident Kennedy hätte die Aktion abgeblasen. Aber niemand sprach dagegen.«

Auf der Basis seiner Analysen erstellte Janis einen ausführlichen Katalog von»Symptomen«, die auf Groupthink hindeuten:

Illusion der Unverwundbarkeit: Die Gruppe geht von übertriebenem Optimismus aus. So glaubte Kennedys Umgebung, die kubanische Armee hätte einer von US-Militärs gesteuerten Aktion nichts entgegenzusetzen.
Glaube, hohe moralische Standards zu vertreten: Die Entscheidungsträger gingen immer davon aus, auf der Seite des »Guten« zu stehen.
Kollektive Rationalisierung: Die Gruppe versucht, eine Entscheidung rational zu rechtfertigen, obwohl dahinter eigentlich ganz andere Motive stehen.
Gemeinsame Stereotype: Die Gruppe entwickelt eine stereotype Sicht auf Außenstehende und Gegner.
Selbstzensur: Mitglieder der Gruppe unterdrücken ihre Zweifel und Bedenken, um den Konsens nicht zu gefährden.

Illusion der Einstimmigkeit: Die Mitglieder der Gruppe gehen davon aus, dass alle ohnehin einer Meinung sind – obwohl man nie alle Mitglieder dazu befragt hat.

Konformitätsdruck: Die Gruppe übt Druck auf Mitglieder aus, die den »Konsens« infrage stellen. Im Falle der Schweinebucht-Invasion gab es zu Beginn des Entscheidungsprozesses noch einige Gegenstimmen. Doch aus den Protokollen geht hervor, dass diese Gegenstimmen nicht rational diskutiert wurden. Stattdessen zog man die »Loyalität« der Abweichler in Zweifel.

Selbst ernannte Gesinnungswächter: Einige Gruppenmitglieder übernehmen die Aufgabe, die Gruppe vor abweichenden Meinungen zu schützen, indem sie etwa nur Informationen weiterleiten, welche die Gruppenmeinung weiter unterstützen.

Irving Janis formulierte eine Reihe von Regeln, um Groupthink zu verhindern. Dazu gehörten:

- Aufklärung über die Gefahren des Gruppendenkens,
- Ermutigung zur Kritik,
- Ermutigung der Gruppenmitglieder, Gegenvorschläge zu machen,
- Übernahme einer »Advocatus Diaboli«-Rolle durch ein Gruppenmitglied,
- Bildung von Untergruppen, um Teilprobleme zu bearbeiten,
- Analyse der Absichten und Möglichkeiten eines möglichen Gegners,
- Erneutes Überdenken der Lösung in einer zweiten Runde,
- Hinzuziehen unabhängiger Personen und Kritiker,
- Anhören der Meinung gruppenexterner Personen,
- Einsetzen einer Parallelgruppe, die am gleichen Problem arbeitet.

Auch die Entscheidung der Bush-Administration für den Irak-Krieg geht letztlich auf Groupthink zurück. Im Geheimdienstbericht des US-Senats heißt es: »Die Geheimdienstgemeinde litt an der kollektiven Annahme, der Irak habe ein

aktives und wachsendes Programm für Massenvernichtungs-
waffen. Diese Groupthink-Dynamik führte die Analysten der
Geheimdienste, die Agenten und Manager dazu, widersprüchliche Indizien als Beweis für ein Massenvernichtungswaffen-
programm zu werten und Beweise herunterzuspielen, dass
es kein solches Programm gibt. Diese Annahme war so stark,
dass selbst formalisierte Geheimdienstmechanismen, um
Groupthink zu bekämpfen, nicht genutzt wurden.«

Ähnliche Mechanismen haben nach Ansicht von Ökonomen auch maßgeblich zur Finanzkrise von 2008 beigetragen.
Der US-Ökonom Robert Shiller etwa vertritt die These, dass
»das wichtigste einzelne Element für das Verständnis dieser
oder jeder anderen Spekulationsblase die soziale Ansteckungs-
kraft des Boomdenkens ist, herbeigeführt durch die gemeinsame Beobachtung stark steigender Preise«.

Sozialpsychologen wissen heute prinzipiell, wie Gruppen
dem Drang zur Konformität widerstehen können. Eine Möglichkeit besteht etwa darin, Teilnehmer dazu zu bringen, sich
auf ihre Meinung festzulegen. Experimente haben gezeigt,
dass ein solches »Commitment« den Herdentrieb massiv reduziert. Ebenso scheinen sich Menschen mit hohem Selbstvertrauen in einer Gruppe weniger konformistisch zu verhalten.
Auch klare Verantwortlichkeiten wirken konformistischen
Tendenzen entgegen: Wer sich vor der Gruppe für sein Urteil
verantworten muss, schwimmt seltener mit dem Strom.

Auf die interessanteste Möglichkeit stieß freilich schon Solomon Asch bei seinen berühmten Experimenten. Wie sich
zeigte, hing die Wahrscheinlichkeit für konformistisches Verhalten nämlich davon ab, ob die Mehrheitsmeinung einstim-
mig war oder nicht. Wenn man der Versuchsperson einen
»Partner« zur Seite stellte, der die richtige Antwort gab, sank
der Druck der Mehrheit massiv – die Versuchspersonen folg-
ten der falschen Mehrheitsmeinung nur mehr in einem Viertel der Fälle. Und selbst wenn der »Partner« nicht immer mit
der Meinung der Versuchsperson übereinstimmte, nahm das
konformistische Verhalten ab.

Das Gegengift zu Konformismus besteht also offenbar im
Dissens. Ein Abweichler genügt, um den Herdentrieb zu brechen. Aber woher einen nehmen in einer Harmoniekultur?

9 Gegen den Strom oder: Wie Querdenker die Harmonie stören

Mabel Yu glaubte kein Wort. Irgendetwas stimmte nicht an den Zahlen. Sie waren einfach zu gut. Viel zu gut, um wahr zu sein. Yu arbeitete 2006 als Analystin bei der Vanguard Group, einem Finanzunternehmen in Pennsylvania, das Investmentfonds im Wert von einer Billion Dollar verwaltete. Eines Tages tauchten Händler bei ihr auf und wollten sie vom Kauf eines neuen Wertpapiers überzeugen, das durch Haushypotheken abgesichert war. Die Papiere seien risikolos, versicherte man ihr. Die Ratingagentur Standard & Poor's habe sie mit »AAA« bewertet – das höchste Rating. Doch Yu blieb skeptisch.

»Es gab nichts, was diese Ratings unterstützte«, sagte sie dem US-Magazin »Ode«: »Sie haben nicht alle wirtschaftlichen Szenarien berechnet. Ich verbrachte Nächte damit, das zu verstehen. Und egal welche Frage ich den Verkäufern stellte – ich bekam darauf keine Antwort.«

Stattdessen warfen sie Yu vor, unnötig Probleme zu machen. Die Händler beschwerten sich bei Yus Vorgesetzten über ihre angebliche Unprofessionalität. Der Immobilienmarkt boomte zu dieser Zeit – was sollte da schon schiefgehen?

»Es gab so viel Druck, es war so aufreibend, physisch und mental«, sagt Yu. Die Händler legten ihr nahe, sie solle sich einfach entspannen – und ihnen vertrauen. Doch Yu blieb hartnäckig. Schließlich weigerte sie sich, die aus ihrer Sicht fragwürdigen Papiere zu empfehlen. Und sie sollte recht behalten: Der Subprime-Markt brach zusammen – der Beginn der weltweiten Finanzkrise. Mit ihrer Standhaftigkeit hatte Yu ihrem Unternehmen einen Millionenverlust erspart. Yu wurde eingeladen, vor dem US-Kongress über die Vorgänge des Jahres 2006 auszusagen.

Yu war eine Abweichlerin. Sie scherte aus jenem irrationalen Optimismus aus, der die Finanzbranche zu immer wahnwitzigeren Geschäften trieb – und damit die Welt schließlich in die Rezession stürzte. Yus Zweifel entstanden nicht im Gruppen-Brainstorming. Es war kein harmonisches, »emotional intelligentes« Team, das vor den Risiken warnte. Es war ein Individuum.

Eine Querdenkerin.

Nur wenige stellten sich dem Konsens entgegen. Und wer es dennoch wagte, wurde dafür verhöhnt. Der Ökonom Nouriel Roubini etwa befürchtete schon 2006, die Immobilienblase in den USA könnte platzen. Seine Kollegen gaben ihm dafür den Spottnamen »Dr. Doom« – Doktor Untergang.

Querdenker stören die Harmonie. Sie durchbrechen den Konsens, stellen Gewissheiten infrage und verändern Perspektiven. Mit ihren Ideen stoßen sie oft auf taube Ohren. Und nicht immer haben sie recht. Doch wenn sie recht haben, dann oft richtig.

Mitte des 19. Jahrhunderts behauptete der Arzt Ignaz Semmelweis, dass das gefürchtete Kindbettfieber auf mangelnde Hygiene bei der Geburtshilfe zurückgehe. Semmelweis forderte die Gynäkologen auf, sich die Hände zu waschen, bevor sie bei einer Entbindung assistierten. In seiner Klinik sank dadurch die Müttersterblichkeit bei der Geburt von zwölf auf zwei Prozent. Was uns heute selbstverständlich erscheint, stieß damals unter den Ärzten auf heftigen Widerstand. Die Kollegenschaft überzog Semmelweis mit Spott: Die Mediziner wollten einfach nicht glauben, dass sie selbst die Krankheit verursachten.

Im Jahr 1984 behauptete der australische Arzt Barry Marshall, dass Magengeschwüre nicht durch Stress entstehen – sondern durch bestimmte Bakterien. Seine Zunft hielt das für

Unfug. Um seine These zu beweisen, infizierte sich Marshall selbst mit den Bakterien. 2005 erhielt er den Nobelpreis für seine Entdeckung. Und Semmelweis gilt heute als Begründer der modernen Krankenhaushygiene. Doch zu seinen Lebzeiten war er vor allem Anfeindungen und Intrigen ausgesetzt. Semmelweis scheute nicht den Konflikt. Noch kurz vor seinem Tod drohte er, unhygienisch arbeitende Ärzte öffentlich als Mörder anzuprangern. Am Ende scheint er den Druck nicht mehr ausgehalten zu haben. Semmelweis wurde psychisch krank – und starb im Irrenhaus.

Zumindest theoretisch ist der Nutzen von Dissens und Widerrede seit je unbestritten. Der griechische Philosoph Platon setzte in seinen Dialogen Gegenredner ein, um seine Argumente zu schärfen. Die mittelalterlichen Theologen disputierten unermüdlich über Gott und die Welt. Bei Selig- und Heiligsprechungen beschäftigte die katholische Kirche lange Zeit einen »Advocatus Diaboli«, also einen »Anwalt des Teufels«, um Argumente gegen die betreffende Person zu sammeln. Erst unter Papst Johannes Paul II. wurde der Advocatus Diaboli unbenannt in »Promotor Justitiae«, also Förderer der Gerechtigkeit. Der britische Philosoph John Stuart Mill forderte Schutz vor der »Tyrannei der Mehrheit«. Und bekanntlich gilt in Demokratien das Recht auf Meinungsfreiheit.

Konformisten seien »Trittbrettfahrer«, schreibt der US-Rechtswissenschaftler Cass R. Sunstein in seinem Buch *Why Societies Need Dissent*: Wer immer der Herde folgt, profitiert von anderen, ohne selbst etwas beizutragen. Konformisten nützen vor allem sich selbst. Querdenker hingegen bringen anderen Nutzen, sie liefern Ideen, die letztlich die ganze Gemeinschaft bereichern. Sunstein verweist auf eine bezeichnende Ironie: Gerade Konformisten gelten oft als ausgesprochen »sozial« – um nicht zu sagen teamfähig. Querdenker hingegen werden vielfach als Individualisten gesehen, die rücksichtslos ihre persönlichen Ideen und Projekte verfolgen. »Eigentlich ist es genau umgekehrt«, schreibt Sunstein.

Dissens ist anstrengend. Querdenker stoßen auf Widerstände, auf Ablehnung und Hass. Wer sich dem Konsens entgegenstellt, riskiert seine Reputation, seinen Job – und mitunter sein Leben.

Das heißt natürlich nicht, dass Querdenker immer recht haben. Abweichende Meinungen können kontraproduktiv, unsinnig, sektiererisch oder sogar gefährlich sein. Jeder kennt den »Querulanten«, der einfach immer was zu meckern hat. Und bekanntlich fingen auch die größten Monster der Geschichte als »Querdenker« an – von Hitler bis Osama bin Laden.

In den meisten Fällen haben wir gute Gründe, mit dem Strom zu schwimmen, also das zu tun, was andere tun. Oft fehlt uns einfach die nötige Information, um eine fundierte Entscheidung zu treffen. In vielen unsicheren Situationen folgt man am besten der Masse.

Viele von uns lassen sich bei Entscheidungen von ihrem sozialen Umfeld leiten – vom Restaurantbesuch über den Autokauf bis zu Aktieninvestments. Oft kann es durchaus vernünftig sein, sich an anderen zu orientieren. Anders würde uns die Komplexität vieler Entscheidungen sogar überfordern. Allerdings kann man mit dieser Strategie auch ziemlich falschliegen.

Die Soziologin Brooke Harrington untersuchte das Verhalten von Investmentklubs. Dabei handelt es sich um Gruppen von Personen, die ihr Geld zusammenlegen und gemeinsam Investitionsentscheidungen treffen. Die schlechtesten Ergebnisse erzielten dabei Klubs, bei denen die sozialen Beziehungen im Vordergrund standen. Umgekehrt schnitten jene Klubs am besten ab, die sich vor allem auf das Ziel der Gewinnsteigerung konzentrierten. Der Grund: In diesen Gruppen gab es mehr Dissens – die Investitionsentscheidungen wurden einfach kritischer hinterfragt. Die »Verlierer-Klubs« hingegen pflegten ihre Harmoniekultur – und trafen meist Konsensentscheidungen, ohne viel darüber zu diskutieren.

Der US-Managementprofessor Jeffrey A. Sonnenfeld ging in der *Harvard Business Review* der Frage nach, was ein effektives Vorstandsteam ausmacht. Anlass waren spektakuläre Unternehmenspleiten wie jene des US-Energiekonzerns Enron. Wie Sonnenfeld feststellte, erfüllten die Boards eigentlich alle gängigen Regeln und Standards – die Vorstände hatten ihr eigenes Geld in der Firma, es gab Audit-Committees und Ethikcodes. Wie konnte es also zu einem derartigen

Desaster kommen? Effektive Vorstandsteams erzeugen nach Sonnenfeld eine »positive Dynamik von Respekt, Vertrauen und Offenheit«, die Sonnenfeld so beschreibt: »Teammitglieder entwickeln gegenseitigen Respekt; weil sie einander respektieren, entwickeln sie Vertrauen; weil sie einander vertrauen, teilen sie heikle Informationen; weil sie alle die gleichen, vollständigen Informationen haben, können sie die Schlussfolgerungen der anderen kohärent infrage stellen; und weil ein reges Geben und Nehmen zur Norm wird, können sie ihre eigenen Interpretationen anpassen als Antwort auf intelligente Fragen.« Das zentrale Element dabei ist der offene Dissens, sagt Sonnenfeld – die Fähigkeit, die Annahmen und Überzeugungen eines anderen infrage zu stellen: »Respekt und Vertrauen bedeuten nicht endlose Freundlichkeit oder Harmonie. Vielmehr bedeuten sie, dass die Beziehungen zwischen den Boardmitgliedern stark genug sind, um aufeinanderprallende Meinungen und kritische Fragen auszuhalten.« In seinem Artikel berichtet Sonnenfeld von ernüchternden Erfahrungen mit »Gruppendenken« im Topmanagement: »Vorstände sind fast ausnahmslos intelligent, erfahren und machtgewohnt. Aber wenn man sie in eine Gruppe setzt, die Dissens entmutigt, werden sie fast immer zu Konformisten.«

Der Einheitsbrei

Organisationspsychologen kennen mehrere Gründe, warum es abweichende Meinungen in Unternehmen oft so schwer haben. Neue Mitarbeiter werden oft schon nach dem Kriterium rekrutiert, ob der Bewerber zum Team »passt« oder nicht – und zwar bis in höchste Führungsetagen: »Personalentwickler fragen bei der Suche nach Vorstandskandidaten häufig: ›Ist der Typ ein Teamplayer?‹, was ein Code ist für die Frage: Ist der Typ gefügig, oder macht er Schwierigkeiten?«, schreibt Sonnenfeld. Gegen Nonkonformisten entwickeln viele Unternehmen eine Abstoßungsreaktion: Potenzielle Abweichler gelten als Störenfriede und unberechenbare »Troublemaker«, die Harmonie und Konsens unterminieren – und damit die Produktivität des ganzen Teams. »Viele Unternehmen fordern Ideenreichtum, doch sie belohnen Anpassung«, meinte die Organisationspsychologin Charlan J. Nemeth in der Zeitschrift »Geo«. Widerstand gegen die Mehrheit gilt als hinderlich und kontraproduktiv: »Früher wurden Konformisten als Schafe wahrgenommen, als Herdentiere. Heute nennen wir dasselbe Verhalten ›Teamgeist‹.«

Mangels formaler Strukturen braucht es eine starke Unternehmenskultur, die auf emotionaler Bindung beruht: Der ideale Mitarbeiter ist einer, der die Ziele und Werte seines Unternehmens verinnerlicht hat und daher keine Regeln und Kontrollmechanismen braucht.

Teamarbeit unterminiert die klassische Befehlsstruktur traditioneller Unternehmen und verlangt von Mitarbeitern die Fähigkeit, ihre Beziehungen mit anderen zu regulieren – und Konflikte zu vermeiden oder wenigstens rasch zu lösen. Das Paradigma von Teamarbeit und Partizipation fördert zwangsläufig ein gewisses Harmoniebedürfnis. Wenn man ständig mit anderen zusammenarbeiten muss, möchte man mit diesen Leuten eben gut auskommen.

Wenn es aber keine formalen Regeln mehr gibt, verschwimmen auch leicht die Konturen – und damit die Verantwortlichkeiten. Genau dieses »Setting« begünstigt letztlich den Typus des harmoniesüchtigen Weichmachers. Da er selbst keine Konturen hat, bewegt er sich in diesem Biotop wie ein Fisch im Wasser. Seine Standpunktlosigkeit, sein Opportunismus, seine Sozialtaktik – all das rechtfertigt sich aus einem höheren Zweck: der Aufrechterhaltung einer möglichst harmonischen, konfliktfreien Atmosphäre. Insofern ist der Weichmacher der ideale Proponent jenes »flexiblen Kapitalismus«, den der Soziologe Sennett meint. Da er für nichts steht, produziert er auch keinen Ärger – geschweige denn einen Konflikt.

Und noch besser: Weichmacher reproduzieren sich auf wundersame Weise selbst.

Weichmacher engagieren wiederum Weichmacher. Dieser Mechanismus verstärkt harmoniesüchtige »Monokulturen« nur noch weiter – bis das Team eben nur noch aus unkritischen Jasagern besteht, die sich miteinander aufs Beste verstehen.

Manager streben häufig eine »homogene«, möglichst harmonische Belegschaft an. Und verwenden oft viel Energie darauf, abweichende Meinungen zu unterdrücken. Das liegt offenbar in der menschlichen Natur. Der Psychologe Benjamin Schneider formulierte die Hypothese, dass die Eigenschaften von Menschen auch das Verhalten von Organisationen bestimmen. Nach seiner Theorie handeln Menschen nach einem Zyklus von Attraktion, Selektion und Reibung.

Menschen fühlen sich von ähnlichen Menschen angezogen (Attraktion). Zugleich neigen Organisationen dazu, ähnliche oder »kompatible« Menschen auszuwählen (Selektion), was dazu führt, dass die Mitarbeiter viele Persönlichkeitseigenschaften gemeinsam haben. Wenn Menschen nicht zu einer Organisation »passen«, dann verlassen sie diese tendenziell (Reibung). Dadurch wird die Belegschaft aber noch homogener und einförmiger, als sie vorher bereits war.

Während meiner Zeit als Chefredakteur in einem Großverlag äußerte ich einmal die Vermutung, dass es irgendwo im Keller des Verlagshauses wohl ein Labor geben müsse, in dem laufend Führungskräfte geklont werden.

Keine Angst – es war nur ein Scherz!

Organisationsforscher kennen heute eine Reihe von Gründen, warum Unternehmen Dissens unterdrücken. So scheint hohes Misstrauen im Unternehmen Mitarbeiter davon abzuhalten, abweichende Meinungen offen zu äußern. Eine wesentliche Rolle spielt dabei, wie in der Vergangenheit mit Dissens umgegangen wurde – also ob das Äußern einer abweichenden Meinung belohnt oder bestraft wurde. Zugleich neigen Führungskräfte in Krisensituationen offenbar besonders dazu, abweichende Meinungen zu unterdrücken.

Tatsächlich gibt es wenig Zweifel, dass Unternehmen Querdenker brauchen, um Innovationen voranzutreiben. Die meisten Weichmacher, die ich kenne, würden dieser »These« mit Sicherheit zustimmen. Umso subtiler sind die Mechanismen, mit denen Abweichler von Harmoniekulturen – bewusst oder unbewusst – ausgegrenzt werden. »Wir lieben Querdenker! Aber erst, wenn sie mindestens seit 50 Jahren tot sind«, höhnte einmal der amerikanische Sozialpsychologe Elliot Aronson.

Nonkonformisten brauchen ein dickes Fell, um sich allein in einer Gruppe durchzusetzen. Das gelingt oft nur sehr starken Persönlichkeiten – und wirklichen Genies. Ein berühmtes Beispiel war der amerikanische Physiker und Nobelpreisträger Richard Feynman. Nach der Explosion der Challenger-Raumfähre war Feynman Mitglied der technischen Untersuchungskommission. Gegen alle Widerstände machte der Physiker fahrlässiges Management der Weltraumbehörde NASA für das Desaster verantwortlich. Seinen persönlichen Erinnerungen an die Space-Shuttle-Untersuchungen veröffentlichte er in einem höchst unterhaltsamen Buch mit dem bezeichnenden Titel *Kümmert Sie, was andere Leute denken?*.

Natürlich sind Persönlichkeiten wie Feynman rare Ausnahmen. Zudem hatte der Nobelpreisträger eine schwer angreifbare Reputation als Wissenschaftler. Für »Normalsterbliche« ist es hingegen meist riskant, sich einer Gruppenmeinung entgegenzustellen – wie Mabel Yu, die Analystin.

Kreative leben gefährlich!

»Sei kreativ« – so lautet das Mantra der Wissensökonomie. Hunderte Ratgeber propagieren Techniken, um auf neue Ideen zu kommen. Kaum ein Teamseminar kommt ohne Kreativübungen aus. Kreative Ideen lösen Probleme, Innovationen steigern Produktivität und Wachstum. »Menschliche Kreativität ist die ultimative ökonomische Ressource«, schreibt etwa Richard Florida in seinem Buch *The Rise of the Creative Class.*

Überall verlangt man »kreative Ideen« statt bloß »business as usual«. Doch wenn es darauf ankommt, will sie oft niemand hören. »Lasst tausend Blumen blühen«, verkündete Mao Tse-tung. Nachdem er jahrelang alle neuen Ideen unterdrückt hatte, ermutigte er die Chinesen dazu, offen ihre Meinung zusagen. Als einige dies tatsächlich taten, ließ Mao sie bekanntlich einsperren oder hinrichten. Natürlich sind Unternehmen keine Diktatur. Doch kreativen Ideen ergeht es oft ähnlich wie Maos »tausend Blumen«. Erst werden sie von allen begrüßt – und dann zerredet und zerrieben.

»Heißt das, dass Kreativität nicht wünschenswert ist? Keineswegs!«, schreiben die Intelligenz- und Kreativitätsforscher Robert Sternberg und Todd I. Lubart: »Was kreativ ist, das ist neu und führt oft zu positiven Veränderungen. Aber was neu ist, das ist auch seltsam, und was seltsam klingt, kann auch Furcht einflößend oder sogar bedrohlich wirken – und darin liegt der Grund, warum ›sie‹ es nicht hören wollen.«

Kreative Ideen sind nichts für Weichmacher. Oft verstoßen sie gegen Gewohnheiten oder Regeln, sie stören die Harmonie. Kreative Menschen laufen daher gegen Widerstände – und nicht selten gegen eine Wand. Weichmacher entwickeln gegen kreative Ideen manchmal subtile Abstoßungsreaktionen. Sie sagen nicht einfach Nein. Vielmehr finden sie die Idee erst mal »prinzipiell gut« – um sie dann in ungezählten Meetings langsam auszutrocknen wie eine von Maos »tausend Blumen«.

Weichmacher haben oft die fixe Idee, nur Teams könnten wirklich kreativ sein. Was nicht im Team entsteht, gilt von vornherein als verdächtig. Gruppen können kreative Arbeit auf subtile Weise unterminieren. Oft unterstützen ihre Mitglieder etwa nur solche Ideen, die den Normen der Gruppe entsprechen. Was aus dem »Rahmen« fällt, wird ignoriert, abgelehnt oder lächerlich gemacht. Mitunter werben kreative Leute dann geradezu verbissen um Unterstützung ihres Teams – und verlieren gerade dadurch ihre Kreativität.

Kreative Projekte verlaufen oft alles andere als harmonisch. Die bahnbrechendsten Innovationen entstehen nicht unbedingt im Kuschelteam. Nehmen Sie Michelangelo. Mehr als drei Jahre lang arbeitete er an den Deckenfresken der Sixtinischen Kapelle. Tag für Tag stand er auf einem zehn Meter hohen Gerüst. Sein Rücken schmerzte, die Farbe tropfte ihm ins Gesicht. Zugleich musste er sich mit den Wünschen des Papstes herumschlagen. Michelangelo stritt so lange mit dem Kirchenvater, bis er schließlich freie Hand bekam.

Die Bilderstürmer

Der Neuropsychologe Gregory Berns beschäftigt sich in seinem Buch *iconoclast* mit der Frage, was außergewöhnlich innovative Menschen erfolgreich macht.

Ikonoklasten (deutsch: Bilderstürmer) sind nach seiner Definition Menschen, die etwas zuwege bringen, was die anderen für unmöglich halten. Berns glaubt sogar, dass sich die Gehirne von Ikonoklasten von denen anderer Menschen unterscheiden. Ikonoklasten hätten eine andere Wahrnehmung: »Sie sehen Dinge anders als andere. Im wörtlichen Sinne. Sie sehen Dinge anders, weil ihre Gehirne nicht in die gleichen Effizienzfallen tappen wie jene von Durchschnittsmenschen.« Wenn wir Dinge wahrnehmen, ordnet unser Gehirn sie in seine bereits bestehenden Kategorien ein. Das ist eine »Abkürzung«, die Zeit und damit Energie spart – und das Leben erheblich vereinfacht. Wenn wir ein Glas Orangensaft sehen, müssen wir nicht jedes Mal darüber nachdenken, um was für eine Art Gegenstand es sich handelt. Ein Glas Orangensaft sehen wir als ein Glas Orangensaft – obwohl es ganz unterschiedliche Gläser und Orangensäfte gibt. Das Problem ist, dass unser Gehirn oft in seinen Mustern und Routinen gefangen ist. Wir denken in Schubladen und Stereotypen. Statt eine Sache aus verschiedenen Perspektiven zu betrachten, legen wir uns auf eine einzige fest. Die Folge ist, dass wir wesentliche Dinge übersehen – ein Phänomen, das die Psychologin Ellen Langer einmal »Achtlosigkeit« genannt hat.

Ikonoklasten sehen Dinge aus neuen Blickwinkeln. Und sie schauen sich Dinge an, die sie vorher noch nie gesehen haben. Doch ihre Durchbrüche gelingen ihnen nicht dadurch, dass sie ein für sie fremdes Objekt betrachten und intensiv darüber nachdenken. Ihre Ideen entstehen vielmehr daraus, dass ihr Wahrnehmungssystem mit etwas konfrontiert ist, das es nicht interpretieren kann: »Das Fremde zwingt das Gehirn, seine gewohnten Wahrnehmungskategorien aufzugeben und neue zu schaffen«, schreibt Berns. Neue Erfahrungen bringen das Gehirn also dazu, aus seinen gewohnten Bahnen auszubrechen – und genau dadurch regen sie auch unsere Fantasie an. »Während die meisten Menschen vor

Dingen zurückschrecken, die anders sind, begrüßt der Ikonoklast das Neue.« So weit, so bekannt. Das Problem ist nur, dass neue Erfahrungen einen höchst effektiven Hirnmechanismus aktivieren – unser Angstsystem.

Angst bedeutet Stress. Der Blutdruck steigt, das Herz schlägt schneller, die Finger zittern – oder die Stimme versagt. Die Angstsysteme gehören zu den evolutionsgeschichtlich ältesten Hirnregionen. Unseren Vorfahren brachten Angstreaktionen einen Überlebensvorteil. Vor allem aber wissen die Hirnforscher heute: Angst ist nicht rational – an ihr können selbst die klügsten und kreativsten Menschen scheitern. Neben unserem starren Kategoriensystem sei daher die Angst »die zweite große Hürde auf dem Weg, ein Ikonoklast zu werden«, meint Berns. Für ihn gibt es drei Arten von Angst, die den Querdenker in uns besonders blockieren: Menschen haben Angst vor Unsicherheit, sie haben Angst zu scheitern – und sie haben Angst, sich in der Öffentlichkeit lächerlich zu machen.

Wer ein Ikonoklast sein will, braucht auch die Fähigkeit, seine Ideen anderen zu »verkaufen«. Berns sieht das nur teilweise als rationalen Prozess: Andere zu »überzeugen« ist zu wenig. Vielmehr liege der Schlüssel darin, ein »soziales Netzwerk« zu den Adressaten zu knüpfen, um deren Angst vor dem Neuen zu überwinden. Menschen haben Angst vor dem Neuen. Hirnforscher wissen etwa, dass unbekannte Gesichter die Amygdala aktivieren, eine mandelkernförmige Hirnregion, die mit Angstreaktionen zu tun hat. Vertrautheit hingegen schwächt diese Reaktion ab. Was wir schon kennen, macht uns keine Angst mehr. Querdenker müssten daher versuchen, bei anderen das Gefühl von Vertrautheit auszulösen. »Das Ziel ist, die Amygdala der Leute vom Feuern abzuhalten«, sagt Berns.

Die zweite Methode besteht darin, eine positive Reputation aufzubauen, sagt Berns. Ein Querdenker kann nur erfolgreich sein, wenn er das Vertrauen anderer genießt – sonst bleibt er ein einsamer Außenseiter. »Das menschliche Gehirn ist auf Gegenseitigkeit verdrahtet. Jede soziale Interaktion beruht auf der Annahme: Wie du mir, so ich dir. Diese goldene biologische Regel bedeutet, dass der Ikonoklast an jede Interaktion unter der Annahme herangehen muss, dass sie eines Tages umgekehrt wird.« Ein Querdenker dürfe keine Brücken abbrechen, sagt Berns.

Querdenker haben es schwer. Allerdings zeigten die Asch-Experimente auch, dass es durchaus eine Chance gibt. Offenbar reicht schon eine einzige abweichende Meinung, um den Herdentrieb der Gruppe zu durchbrechen.

Der Psychologe Vernon Allen demonstrierte mit einem schlauen Experiment, welche Macht ein Querdenker ausüben kann – und zwar selbst dann, wenn er eigentlich völlig inkompetent ist. Dazu platzierte der Forscher eine Versuchsperson in einer Gruppe von »Schauspielern«. Vor Beginn des eigentlichen Experiments sollte er in einem Nebenraum alleine einen Fragebogen ausfüllen. Nach wenigen Minuten teilte man ihm jedoch mit, dass er den Raum mit einem anderen »Probanden« teilen müsse – einem Komplizen der Forscher. Der »Proband« trug extrem dicke Brillengläser, die die Forscher bei einem Optiker »maßanfertigen« hatten lassen – als wäre er praktisch blind. Um den Eindruck erheblicher Sehschwäche weiter zu verstärken, begann er ein Gespräch mit einem der Forscher. »Entschuldigen Sie, aber erfordert dieser Test Sehen auf längere Distanz?« Als der Forscher das bestätigte, erklärte der »Komplize«, seine Sehfähigkeit sei erheblich eingeschränkt – er könne nur Objekte in unmittelbarer Nähe erkennen. Daraufhin bat der sichtlich besorgte Forscher den Mann auch noch, ein groß geschriebenes Wort von der Tafel vorzulesen. Natürlich tat der Komplize so, als könne er das Wort nicht entziffern. Da das Experiment mindestens fünf Personen benötige, so der Forscher, sollte der »blinde« Proband trotzdem daran teilnehmen – und die Fragen einfach irgendwie beantworten, sozusagen »außer Konkurrenz«.

Offensichtlich hatte der »blinde« Proband zur Lösung der visuellen Aufgaben in dem Experiment so gut wie nichts beizutragen. Trotzdem beeinflusste seine Meinung die realen Versuchspersonen. Wenn der »blinde« Proband nicht dabei war, hielten sich die Versuchspersonen zu 79 Prozent an die Gruppenmeinung. Wenn er hingegen am Experiment teilnahm und eine von der Gruppenmeinung abweichende (aber ebenso falsche) Antwort gab, verhielten sich nur 64 Prozent konformistisch.

»Aus Sicht eines Ikonoklasten heißt das, dass die effektivste Strategie für den Umgang mit der Gruppe darin besteht, eine gleichgesinnte Person zu finden«, meint Neuropsychologe Berns. Eine solche Allianz kann zwar oft nicht die ganze Gruppe zum Umschwenken bringen. Aber sie genügt zumindest, um selbst dem Gruppendruck zu widerstehen – und die eigene Meinung beizubehalten. Die Existenz einer Minderheitsmeinung lockere den »Würgegriff der Konformität«, meint Berns. Gruppen, die Minderheitsmeinungen zulassen, treffen statistisch gesehen bessere Entscheidungen als Gruppen, die Einstimmigkeit verlangen: »Die Implikationen sind klar: Arbeitsgruppen sollte nicht vorgeschrieben werden, zu einer einstimmigen Entscheidung zu gelangen. Man muss vielmehr zum Dissens ermutigen.« Geheime Abstimmungen, so glaubt Berns, könnten verhindern, dass Querdenker sozial isoliert werden.

Die Neuropsychologen wissen heute: Angstreaktionen lassen sich abschwächen, indem man sich immer wieder der angstauslösenden Situation aussetzt. Wer Angst davor hat, sich in einer Sitzung zu blamieren, müsse sich eben immer wieder dazu zwingen, seine Meinung zu sagen, meint Berns: »Das kann manchmal schmerzhaft sein, aber nur durch Wiederholung und Praxis wird die Angstreaktion schwächer und trübt nicht länger die Wahrnehmung.«

Keiner kommt als Querdenker auf die Welt. Die Fähigkeit zum Dissens muss man trainieren wie andere Fähigkeiten auch. Gegen das süße Gift der Harmonie kann sich nur wehren, wer seine eigenen Ängste kontrollieren kann.

Gemäßigte Radikale

Querdenker müssen nicht die Revolution ausrufen, um Dinge zu verändern. Manche von ihnen agieren leise und unauffällig – und doch überaus erfolgreich. Sie machen einen guten Job für ihr Unternehmen, zugleich aber verändern sie hinter den Kulissen schrittweise die geltenden Regeln und

Konventionen. »Sie glauben, dass sie durch direkte, wütende Konfrontation nicht weit kommen, aber sie sitzen auch nicht einfach nur da und lassen ihre Frustration gären. Stattdessen stellen sie leise die herrschende Weisheit infrage und bringen ihre Unternehmenskultur dazu, sich anzupassen«, schreibt die Organisationsforscherin Debra Meyerson. Für diese stillen Rebellen prägte Meyerson den Begriff »gemäßigte Radikale« (tempered radicals).

Gemäßigte Radikale benutzen subtile Strategien, um Veränderungen herbeizuführen. So setzen sie persönliche Zeichen, mit denen sie sich über geltende Konventionen hinwegsetzen. Das kann die Kleidung ebenso sein wie die Büroeinrichtung oder die Arbeitszeit. Der Effekt: Die anderen reden darüber – und die Mutigeren unter ihnen beginnen, den gemäßigten Radikalen zu imitieren. Meyerson schildert den Fall eines Managers in einem Computerunternehmen, der aus familiären Gründen seine Arbeitszeit veränderte. Er fing morgens früher an und verließ dafür um 18 Uhr das Büro. Zudem weigerte er sich, zu Hause Telefonate entgegenzunehmen. Schrittweise passten sich die Mitarbeiter seiner Abteilung an die 18-Uhr-Regel an. Gemäßigte Radikale betreiben eine Art »Jiu-Jitsu«, meint Meyerson: Statt die offene Konfrontation zu suchen, lenken sie die Kraft ihrer Gegner um. Zugleich nutzen sie jede Gelegenheit aus, um andere zu einer Verhaltensänderung zu bringen. Wie das funktionieren kann, zeigt das Beispiel eines umweltbewussten Managers. Bei einem Besuch in der Unternehmenskantine registrierte der Mann, dass die Sandwiches in Styroporschachteln verpackt wurden. Nach Verzehr ihres Sandwiches warfen die Mitarbeiter die Verpackungen natürlich weg. Daraufhin machte der Manager der Kantinenleitung den Vorschlag, die »köstlichen Sandwiches« doch nur zu verpacken, wenn sie ausdrücklich darum gebeten würden – damit könnten sie erhebliche Verpackungskosten sparen. Am Ende, so berichtet Forscherin Meyerson, beseitigte das Kantinenpersonal gleich ein ganzes Dutzend weitere Praktiken, bei denen unnötig Ressourcen verschwendet wurden.

Um ihre Ziele zu erreichen, scheuen gemäßigte Radikale auch nicht davor zurück, strategische Allianzen mit ihren

Gegnern einzugehen. »Gemäßigte Radikale schwenken keine Banner, sie blasen keine Trompeten. Ihre Ziele sind außergewöhnlich, aber ihre Mittel alltäglich. Sie sind stark in ihrem Engagement, aber flexibel darin, wie sie es erfüllen. Ihre Aktionen können klein sein, sich aber wie ein Virus verbreiten. Sie sehnen sich nach schneller Veränderung, aber sie vertrauen auf Geduld.«

Nerds: die Andersdenker

Andere stellen der Harmoniekultur keine oppositionelle Meinung entgegen – sondern einfach eine andere Art des Denkens. Nerds sind Dissidenten der besonderen Art. Nicht zwangsläufig legen sie sich mit den Weichmachern an. Mit ihrem Denkstil, ihrer Persönlichkeit liegen sie nur völlig quer zu jeder Puddingkultur.

Laut Wikipedia bedeutet der Begriff Nerd »besonders in Computer oder andere Bereiche aus Wissenschaft und Technik vertiefte Menschen«. Das US-Wörterbuch *Webster's Dictionary* bietet gleich zwei Definitionen an. Zum einen handele es sich um eine »dumme, nervtötende, ineffektive oder unattraktive« Person, zum anderen um eine »intelligente, aber einseitige Person, die von unsozialen Hobbys oder Beschäftigungen besessen ist.« Eigentlich kommt das Stereotyp des Nerds aus den USA. Dort apostrophierte man damit ursprünglich hochbegabte, aber unsportliche Jungs. Die Gegenfigur ist der »jock«, der beliebte, aber oberflächliche Kumpeltyp und Mädchenschwarm.

Der Nerd ist eine Art wandelndes Klischee der Informationsgesellschaft – ein wenig Technikschamane, ein wenig Freak, ein wenig armes Schwein. Nerds gelten als hässliche Jungs (seltener Mädchen), die alles über Computer wissen, aber schon in der Schule keine Mädchen, sondern allenfalls ein paar Ohrfeigen abkriegen. Die zwar gut in Mathe sind und ein paar Programmiersprachen beherrschen, aber keine Ahnung von Menschen haben.

Mathematisch hochbegabt und hyperrational, nur leider ein wenig kommunikationsgestört. Langhaarige Typen in

Holzfällerhemden. Typen wie Richard Stallman, der Gründer der Open-Source-Bewegung. Übergewichtige Freaks wie Steve Wozniak, der Apple-Mitbegründer. Und natürlich Bill Gates, der Über-Nerd.

Nerds sind der rationale Gegenpol zur emotionalen Intelligenz: Da steht IQ gegen EQ, technische Intelligenz gegen Sozialkompetenz, Logik gegen Plastiksprache.

Mittlerweile hat sich herumgesprochen, dass manche Nerds viel Geld verdienen. Dass ihre Ideen unsere moderne Welt prägen. Dass sie das Internet erfunden haben, das Mobiltelefon und natürlich Google, den milliardenschweren Suchmaschinenkonzern, der seine Macht bekanntlich einem mathematischen Algorithmus verdankt.

Ein Nerd zu sein – das ist eine Art zu denken. Ein kognitiver Stil. Um Nerds zu verstehen, muss man ihren Denkmustern folgen, ihre Art von Rationalität begreifen.

Nerds wollen wissen, wie Dinge funktionieren. Das können technische Geräte genauso sein wie wissenschaftliche Disziplinen, eine Körperzelle, ein Fußballspiel oder Schach. Um Systeme zu verstehen, muss man ihre Regeln analysieren. Was passiert, wenn man eine Komponente des Systems verändert. Wie sich ein Input auf den Output auswirkt. Wer Systeme versteht, kann sie kontrollieren und verändern – und gegebenenfalls neue Systeme konstruieren.

Nerds verlassen sich nicht auf ihr Bauchgefühl. Sie wollen analysieren, berechnen, quantifizieren. Nicht einfach etwas behaupten, sondern es beweisen. Genau deshalb können sie unglaublich korrekt sein, bis zur Pedanterie. Und genau deshalb haben sie in Weichmacher-Kulturen oft Probleme.

Nerds wollen in Ruhe gelassen werden. Sich ihre eigene Welt schaffen. Viele sind Individualisten, die keine Anweisungen brauchen. Eine Aufgabe reicht. In Großunternehmen stoßen sie daher oft auf Schwierigkeiten.

Nerds sind Querdenker der besonderen Art. Sie stellen sich nicht zwangsläufig gegen die Mehrheit. Sie sind nur ganz anders als sie.

Der Nerd ist der natürliche Feind von Weichmachern. Nerds sind Rationalisten. Sie interessieren sich für die Sache, für Argumente, für Fakten – nicht primär für harmonische Beziehungen. Von inhaltsleeren Kuschel-Meetings fühlen sie sich genervt.

Daher können sie mitunter verschroben und zwanghaft wirken. Ihre Art zu denken kann kühl erscheinen, ihr Mangel an Einfühlungsvermögen verstören. Tatsächlich vermuten einige Neurowissenschaftler einen Zusammenhang zwischen Autismus und hoher naturwissenschaftlich-technischer Begabung. Rund neun von zehn Autisten sind Männer.

Schon Hans Asperger, der österreichische Kinderarzt und Entdecker des Asperger-Syndroms, hielt Autismus für eine »Extremvariante der männlichen Intelligenz«. In einer seiner Arbeiten aus dem Jahr 1943 beschrieb er Fälle von autistischen Jungen, die ihr ganzes Geld für chemische Experimente ausgaben oder sich exzessiv mit der Konstruktion von Raumschiffen beschäftigten.

Eine ähnliche These vertritt heute der britische Neurowissenschaftler Simon Baron-Cohen. Nach seiner Extreme-Male-Brain-Theorie könnte Autismus eine extreme Ausprägung des männlichen Hangs zum »Systematisieren« sein. »Autismus ist eine Empathiestörung: Menschen mit Autismus haben große Schwierigkeiten dabei, sich in andere einzufühlen oder hineinzuversetzen«, schreibt Baron-Cohen. Das bedeutet allerdings nicht, dass sie nicht um das Wohl anderer besorgt sind – ganz im Gegenteil. Sie haben nur Schwierigkeiten, Gefühle, Gedanken und Verhalten anderer zu deuten.

Autisten wollen ihre Umwelt kontrollieren und vorhersagen können. Was ihnen unkontrollierbar oder regellos erscheint, macht sie unruhig. Autistische Kinder können oft stundenlang zuschauen, wie sich die Trommel einer Waschmaschine dreht. Die gleiche Vorhersagbarkeit erwarten sie auch in ihren sozialen Interaktionen. Und aus dem gleichen Grund fühlen sie sich zu »vorhersagbaren« Systemen wie Computern hingezogen: »Computer sind ein geschlossenes System: Sie sind zumindest theoretisch verstehbar, vorhersagbar und kontrollierbar. Die Gefühle und Gedanken und das Verhalten von Menschen sind letztlich nicht verstehbare, weniger vorhersagbare und kontrollierbare offene Systeme«, meint Baron-Cohen. Eine Beziehung zu einem Autisten zu haben heißt deshalb, nur seinen Spielregeln zu folgen.

Menschen mit Asperger-Autismus fehlen die sozialen Fähigkeiten – und die »emotionale Intelligenz«. In vielen Situationen mit anderen Menschen sind sie überfordert. In einem »Meeting« würden sich die meisten von ihnen hilflos und verloren fühlen. Schon Hans Asperger beobachtete, dass seine »autistischen Psychopathen«, wie er sie damals nannte, in bestimmten Berufen durchaus erfolgreich sein können. »Bevorzugt werden abstrakte Wissensinhalte. Wir finden eine größere Zahl, denen ihr mathematisches Können den Beruf bestimmt – neben den ›reinen Mathematikern‹ Techniker, Chemiker, auch Beamte … auch einige Musiker von beträchtlichen Graden sind aus von uns beobachteten autistischen Kindern geworden … Wir finden, dass auch solche Menschen ihren Platz in dem Organismus der sozialen Gemeinschaft haben, den sie voll ausfüllen, manche vielleicht in einer Weise, wie das sonst niemand könnte – und das waren Kinder, die ihren Erziehern die größten Schwierigkeiten und die größten Sorgen bereitet haben.«

Autisten sind auf soziale Isolation programmiert. »Es gibt keine Möglichkeit, eine Person mit Asperger in ein soziales Wesen zu verwandeln«, meint die autistische US-Wissenschaftlerin Temple Grandin: »Ich selbst werde immer ein technischer Mensch sein, der sich mehr für die Wissenschaft als für das Soziale interessiert.« Die Welt brauche mehr »Asperger-Typen«, proklamiert Grandin: »Es waren schließlich nicht die sozialen Leute am Lagerfeuer, die den ersten Steinspeer erfanden.«

Unter Weichmachern sind Nerds zwangsläufig Außenseiter. Ihre Art zu denken passt oft nicht zu den oberflächlichen sozialen Ritualen, zur Schwammigkeit einer Harmoniekultur. Ich habe selbst mehrfach beobachtet, wie schwer sie es in einem solchen Umfeld haben, sich mit ihren Ideen und Sichtweisen durchzusetzen. Nerds sind Wahrheitssucher: Sie insistieren auf Daten, Fakten und Logik – auf Funktionalität und Effizienz. Mit ihrer schneidenden Rationalität und Genauigkeit bedrohen sie den Weichmacher-Konsens, der gerade darauf beruht, viele Fragen im Nebel des Ungefähren zu belassen.

Mit der Plastiksprache der Weichmacher können Nerds

nichts anfangen. Umgekehrt haben Weichmacher oft Probleme, die Gedankenwelt der Nerds zu »verstehen« – und zwar in jeglicher Hinsicht. Dabei geht es um mehr als bloß darum, sozial schwierige Mitarbeiter zu integrieren. Nerds sind genau das, was Peter Drucker einmal »Wissensarbeiter« genannt hat. Sie sind Kreative. Ohne ihre technische Intelligenz gibt es keine Innovation. Einige traditionelle Medienhäuser lernen das gerade. Mit ihren Internet-Strategien sind sie nicht gerade erfolgreich; zugleich fürchten sie sich aber vor Google & Co. Einer der Gründe liegt aus meiner Sicht darin, dass es ihnen nicht gelungen ist, technisch kompetente Nerds anzuziehen. Stattdessen stellte man lieber noch ein paar Marketing- und Anzeigenleute mehr ein, und damit Leute vom immer gleichen Zuschnitt, statt Nerds attraktive Angebote zu machen. Damit meine ich nicht unbedingt Geld. Nerds muss man Freiräume bieten, in denen sie »spielen« können. Und man darf nicht von ihnen verlangen, sich zu assimilieren – sonst macht man sie und ihre Kreativität kaputt. Weichmacher-Kulturen haben perfide Mechanismen, um Nerds auszugrenzen. Man lässt sie einfach gegen die Wand laufen, man gibt ihnen nicht die nötigen Mittel und die Anerkennung, die sie brauchen. Man fragt sie nichts, man interessiert sich einfach nicht für sie. Weichmacher wollen gern alle »einbinden« – aber nur jene, die genau so sind wie sie.

Am liebsten schaffen sich Nerds deshalb ihre eigenen Kulturen, wo sie selbst und nicht die Weichmacher das Sagen haben. Beispiel Google. »Google ist eine Kultur, die vom Glauben an Wissenschaft, an Daten und Fakten dominiert wird – nicht von Instinkt oder Wahrnehmung oder Meinung«, schreibt der US-Autor Ken Auletta. Google liefen schon einige Artdesigner davon, weil sie den Mess- und Datenwahn der Ingenieure nicht mehr ertragen konnten.

Radikale Innovationen bedeuten immer Konflikt. Sie bedrohen Gewohnheiten und Besitzstände, sie stellen traditionelle Denkmuster infrage. Wenn das Neue kommt, muss das Alte weichen – das ist naturgemäß kein harmonischer Prozess: »Dieser Prozess der ›schöpferischen Zerstörung‹ ist das für den Kapitalismus wesentliche Faktum«, schrieb der Ökonom Joseph Schumpeter.

Ein Lehrbeispiel ist die Geschichte von Linux bei IBM. Die Idee, das offene Betriebssystem auf IBM-Großrechner zu bringen, war so radikal, dass das Projekt zuerst sogar im eigenen Unternehmen geheim gehalten werden musste, um interne Querschüsse zu verhindern.

Man hatte ein paar junge Programmierer von der Uni engagiert, um das alte, hauseigene Betriebssystem für Großrechner ein wenig aufzufrischen. Ihren eigentlichen Job hatten sie bald erledigt. Eines Tages kamen sie mit einer scheinbar abenteuerlichen Idee. Warum nicht versuchen, das offene Betriebssystem Linux auf den IBM-Maschinen zum Laufen zu bringen? Das klang zunächst völlig absurd. Die IBM-Großrechner waren die Heiligtümer des Konzerns. Und IBM verdiente Geld mit seinen proprietären Betriebssystemen. Die Manager waren entsetzt: Warum sollte man Software plötzlich verschenken? Noch dazu ein Betriebssystem, das nicht von den eigenen Experten stammte, sondern von Tausenden Computerfreaks im Kollektiv zusammengebastelt wurde! Linux sei »Programmieren für Kommunisten«, hieß es damals. An ein offizielles Linux-Projekt bei IBM war zunächst nicht zu denken. Doch als die jungen Entwickler anboten, in ihrer Freizeit ein wenig mit der Idee herumzuspielen, ließ man sie machen. Wenige Monate später lief der erste Linux-Kernel auf einem IBM-Großrechner. Doch die US-Manager waren skeptisch. Die Böblinger Manager mussten in die USA reisen, um die Kollegen in der Zentrale letztlich mit ihren Performance-Tests zu überzeugen. Im Jahr 2001 kündigte IBM schließlich an, eine Milliarde Dollar in die Linux-Initiative zu investieren. Bald wurden Linux-basierte IBM-Server zu einem der am stärksten wachsenden Segmente im Servergeschäft. Offene Standards wie Linux wurden zum Eckpfeiler der erfolgreichen »E-Business-on-Demand«-Strategie von IBM.

Die Geschichte ist nicht nur ein Beispiel einer erfolgreichen Innovation. Sie zeigt auch, wie produktiver Dissens im Unternehmen funktionieren kann. Die Innovatoren bei IBM mussten nicht bloß den Widerstand der Großrechnerabteilung überwinden, sondern auch eine tief verwurzelte Mentalität, mit der Big Blue groß geworden war: »Was nicht von uns stammt, kann nicht gut sein.« Das erforderte nicht bloß spielerische Kreativität und Lust am Neuen – sondern vor allem auch Mut und Hartnäckigkeit. Die Bereitschaft, für eine Überzeugung zu kämpfen.

Denn was auf Dissens folgt, ist meist der Konflikt. Genau den fürchten die Weichmacher am meisten. Konflikte reißen Harmoniekulturen auseinander. Und das ist gut so: Denn ohne Konflikt gibt es keinen Fortschritt, keine Innovation.

10 Harte Bandagen oder: Warum Konflikte wichtiger sind als Harmonie

Im Juni 1930 brachen Mahatma Gandhi (1869–1948) und seine Anhänger zu einem 24-tägigen Marsch zum Arabischen Meer auf, um an der Küste ein paar Brocken Meersalz aufzusammeln. Nach den indischen Gesetzen war das ein Verstoß gegen das staatliche Salzmonopol – und damit ein glatter Gesetzesbruch. In der Aktion kulminierte Gandhis Kampagne des bürgerlichen Ungehorsams.

Vor der Aktion hatte Gandhi an den Vizekönig geschrieben: »Lieber Freund ... Ich halte die englische Herrschaft für einen Fluch ... Ich beabsichtige nicht, auch nur einem Engländer ein Leid zuzufügen oder ihn in einem legitimen Interesse zu beeinträchtigen ... Mein Ehrgeiz besteht in nichts Geringerem als darin, das englische Volk durch Gewaltlosigkeit zu bekehren und zu der Erkenntnis zu führen, welches Unrecht es Indien angetan hat. Ich beabsichtige nicht, verletzend zu Ihrem Volk zu sein. Vielmehr möchte ich ihm ebenso dienen wie meinem eigenen.« Der Vizekönig antwortete nicht mal.

Als Gandhi ein paar Handvoll Salz aufhob, war das ein machtvolles Signal. Im ganzen Land sammelten die Menschen Salz und verkauften es weiter. Über 50.000 Inder wurden wegen Verstoßes gegen das Salzgesetz eingesperrt.

Mahatma Gandhi vertrat bekanntlich die Idee des gewalt-
losen Widerstandes.

Doch ein Weichmacher war er nicht.

Mahatma Gandhi liebte den Konflikt.

Der indische Rechtsanwalt kämpfte für Gleichberechti-
gung, ein Bildungssystem für alle und die Abschaffung der
niederen Kasten. Ohne Waffengewalt gelang es ihm schließlich, die britische Kolonialherrschaft zu vertreiben. Sein Engagement brachte ihn für mehrere Jahre ins Gefängnis. 1948
wurde er schließlich von einem fanatischen Hindu ermordet.
Der norwegische Friedensforscher Johan Galtung hat einmal
Gandhis Regeln für den Umgang mit Konflikten zusammengefasst. Die »gandhischen Konfliktnormen« beruhen auf dem
Postulat der Gewaltfreiheit – und doch lesen sie sich wie ein
Manifest gegen Harmoniesucht, Opportunismus und »Weich-
macherei«.

Handle sofort!

Handle für deine eigene Gruppe!

Handle in Übereinstimmung mit den Betroffenen!

Handle aus Überzeugung!

Es heißt aber auch: »Verweigere dem Bösen die Zusammenarbeit!« »Keine Zusammenarbeit mit Strukturen, die Übel stiften! Keine Zusammenarbeit mit einem Status, der von Übel
ist! Keine Zusammenarbeit bei Aktionen, die Übel stiften.«
Und als Absage an die Opportunisten und Weichmacher: »Keine Zusammenarbeit mit Personen, die nicht gegen das Böse
angehen.« Außerdem forderte Gandhi noch Offenheit und
Transparenz: »Handle offen, nicht verdeckt.«

Gandhis Konfliktregeln seien etwas »für jene, die erkannt
haben, worum es sich zu streiten lohnt«, schreibt Wolf Lotter
im Wirtschaftsmagazin *brand eins*. Man sollte sie über die
Weichmacher-Schreibtische hängen – zur täglichen Inspira-
tion, wie es auch anders geht.

Konflikte gab es immer schon – zu allen Zeiten, in allen
Kulturen. Und sie beschränken sich keineswegs auf unsere
eigene Art: Selbst im scheinbar so harmonischen Zusammenleben von Bienen oder Ameisen kracht es regelmäßig. Konflikte gehören zum Leben. Einer der Gründe liegt in wechselseitiger Abhängigkeit. Konfliktfrei lebt nur, wer nicht auf

andere angewiesen ist. Sobald Menschen andere brauchen, treffen unterschiedliche Ziele, Interessen und Motive aufeinander. »Im Konflikt liegt ... der schöpferische Kern aller Gesellschaft und die Chance der Freiheit«, meinte einmal der Soziologe Ralf Dahrendorf.

Konflikte in Organisationen sind deshalb unvermeidlich. Immer schon mussten sich Manager wie Organisationsforscher mit der Frage beschäftigen, wie Mitarbeiter ihre gegenseitigen Abhängigkeiten und Konflikte regeln.

Alle Anzeichen sprechen dafür, dass die Konflikte in der Wirtschaft zunehmen werden. Mit Jobunsicherheit und »Flexibilisierung« wächst der Anpassungs- und Veränderungsdruck. Zugleich verstärkt die Teamarbeit die Abhängigkeit zwischen Mitarbeitern, Mitbestimmung unterminiert die traditionellen formalen Hierarchien.

Die Konsensfalle

Demokratie und Partizipation funktionieren nur auf der Basis von Vielfalt. Ein demokratischer Chef muss offene Diskussion zulassen, wenn er als demokratisch wahrgenommen werden will. Eine Demokratie ohne kontroverse Debatten ist eine Pseudodemokratie. Und eine Demokratie, die immer auf Konsens hinausläuft, ist zumindest verdächtig. Zu Recht fühlen wir uns durch 99,9-Prozent-Ergebnisse auf Parteitagen an die DDR erinnert. Aber warum sollte eine Konsenskultur im Unternehmen akzeptabler sein?

Die Bereitschaft zu offener Diskussion impliziert aber auch die Bereitschaft zu Disharmonie und Konflikt. Mehr noch: Wer offene Diskussion will, muss dazu bereit sein, sie notfalls herbeizuführen, wenn sie sich nicht von selbst einstellt. Das erfordert allerdings Führungskräfte, die sich nicht bloß als Moderatoren oder Coachs verstehen. Offene Diskussion und Dissens zu fördern – das bedeutet mehr, als Mitarbeitern zu versichern, dass sie jederzeit ihre Meinung sagen dürfen.

Starke Führungspersönlichkeiten moderieren nicht einfach bloß die Diskussion. Sie warten nicht ab oder lavieren herum, bis das »Team« irgendwie zu einem Konsens findet.

Das ist die Schwäche des Weichmachers.

Starke Führungskräfte hingegen vertreten selbst einen klaren Standpunkt. Sie machen deutlich, wofür sie stehen und welchen Weg sie für richtig halten. Und selbstverständlich versuchen sie auch, ihren Standpunkt gegenüber ihrem Team durchzusetzen – aber nicht durch ihre Macht, sondern durch die Autorität ihrer Argumente. Ihre Stärke als »Demokraten« besteht darin, dass sie zum Dissens herausfordern, statt den Konsens zu erzwingen.

Früher konnte man den Mitarbeitern einfach eine Anweisung geben. Heute muss man eine Entscheidung begründen – und in vielen Fällen andere davon überzeugen. Findet man keine Mehrheit, hat man eben verloren. So ist Demokratie, und das ist gut so. Ein »demokratischer« Manager, der mit seinen Argumenten nicht durchkommt, wird auf die Dauer scheitern. Und auch das ist gut so.

Weichmacher verkaufen sich gern als moderne, demokratische Führungskräfte. Der Witz ist nur: Weichmacher unterlaufen genau das moderne, demokratische Modell, auf das sie sich so gerne berufen. Viele Manager folgen ihrem Harmonieinstinkt – und gehen einem Konflikt am liebsten aus dem Weg. Dabei unterliegen sie dem Irrtum, zu glauben, für gute und tragfähige Entscheidungen sei immer Konsens nötig. »Konsensierte Entscheidungen werden immer ein beträchtlich größeres Maß an Realisierungschance haben«, meint der Unternehmensberater Fredmund Malik: »Viele Führungskräfte besitzen aber ein ausgeprägtes Harmoniestreben, und gewisse psychologische Entscheidungen bestärken sie noch darin. Sie versuchen daher, viel zu schnell und zu früh einen Konsens herbeizuführen.«

Autorität statt Macht

Demokratische Unternehmen brauchen nicht Weichmacher, sondern »Hardliner« eines neuen Typs – Leute, die eine eigene Meinung vertreten, die Verantwortung übernehmen, aber auch mit anderen zusammenarbeiten können. Die Konflikte nicht scheuen, sondern wissen, wie man Konflikte in eine produktive Richtung lenkt. Die Autorität ausüben – und nicht bloß Macht.

Diese Führungskräfte sind Kämpfer.

Der Job von Führungskräften bestehe darin, effektive Entscheidungen zu treffen, schrieb der Managementtheoretiker Peter Drucker: »Es ist eine Wahl zwischen Alternativen, es ist selten eine Wahl zwischen richtig und falsch. Bestenfalls ist es eine Entscheidung zwischen ›fast richtig‹ und ›fast falsch‹ – aber noch viel öfter ist es eine Wahl zwischen zwei Handlungsoptionen, von denen keine beweisbar richtiger ist als die andere.«

Entscheidungsprozesse beginnen nicht mit den Fakten, meint Drucker. »Man beginnt mit Meinungen. Diese sind natürlich nur ungeprüfte Hypothesen und als solche wertlos, solange sie nicht gegen die Realität getestet werden.« Schon die Frage, was überhaupt als Faktum zählt, unterliege nämlich bereits einer Entscheidung über Relevanzkriterien, sagt Drucker – und schon die sei kontroversiell: »Die effektive Entscheidung entsteht nicht aus einem Konsens über die Fakten, wie so viele Lehrbücher behaupten. Die Einsicht, die einer richtigen Entscheidung zugrunde liegt, entsteht aus dem Zusammenprall und Konflikt divergenter Meinungen und aus der ernsthaften Erwägung von konkurrierenden Alternativen.«

Entscheiden mit Dissens

Gute Entscheidungen werden nicht »per Akklamation« getroffen, postuliert Drucker: »Die erste Regel bei der Entscheidungsfindung lautet, dass man keine Entscheidung treffen sollte, wenn es keine abweichenden Meinungen gibt.«

Alfred Sloan, der langjährige Boss von General Motors, sah diese Gefahr. Dissens hielt er daher für eine zentrale Methode zur Entscheidungsfindung. In den Sitzungen, bei denen er den Vorsitz führte, wurde entsprechend heftig diskutiert. Einmal gab es jedoch in einer bestimmten Frage allgemeine Zustimmung. Daraufhin soll Sloan erklärt haben: »Wenn das so ist, dann schlage ich vor, dass wir die Sitzung hier unterbrechen – und uns Zeit nehmen, zu unterschiedlichen Entscheidungen zu gelangen.«

Peter Drucker nennt drei Gründe, warum Manager in Entscheidungsprozessen auf Dissens bestehen sollten.

Erstens liege darin der einzige Schutz vor der Gefahr, zum »Gefangenen der Organisation« zu werden. Ständig versuchten Leute, Entscheidungen zu ihren Gunsten zu beeinflussen. Davor kann sich nach Drucker nur schützen, wer »durchdachte und wohldokumentierte« Meinungsverschiedenheiten sicherstellt.

Zweitens kann nur Dissens mögliche Alternativen zu einer Entscheidung aufzeigen. Eine Entscheidung ohne Alternative, sagt Drucker, sei nicht viel besser als der Wetteinsatz eines Spielers – selbst wenn sie noch so gut durchdacht sei. Entscheidungen können sich als falsch erweisen. Wer schon während der Entscheidungsfindung über Alternativen nachgedacht hat, hat Optionen, auf die er gegebenenfalls zurückgreifen kann, wenn seine Entscheidung sich als falsch herausstellen sollte.

Drittens schließlich stimuliere Dissens die Fantasie. In allen Fragen mit hoher Unsicherheit brauche es kreative Lösungen, die eine ganz neue Situation schaffen. Durchdachter Dissens sei der »effektivste Stimulus, den wir kennen«.

Abweichende Meinungen behindern den Entscheider daher nicht, sondern schützen ihn vielmehr vor Irrwegen. »Egal wie sehr seine Emotionen hochschlagen, egal wie sicher er sich ist, dass die andere Seite völlig falschliegt: Die Führungskraft, die die richtige Entscheidung treffen will, muss sich dazu zwingen, Opposition als *ihr Mittel* zu sehen, um die Alternativen zu durchdenken. Die Führungskraft nutzt den Konflikt der Meinungen, um sicherzustellen, dass alle größeren Aspekte einer wichtigen Sache sorgfältig berücksichtigt wurden.«

Viel klarer kann man es nicht ausdrücken. Ohne Konflikt gibt es keine effektiven Entscheidungen. Harmoniesucht ist daher zwangsläufig irrational.

Viele Anhänger der Konsenskultur könnten das nicht verstehen, meint der Unternehmensberater Fredmund Malik: »Ich habe diese Diskussionen inzwischen als sinnlos aufgegeben.« Gute Führungskräfte hingegen interessieren sich für abweichende Auffassungen und mögliche Widerstände: »Sie produzieren *systematisch Dissens*, um dann, wie gesagt, zu jenem Konsens zu kommen, der auch in der Umsetzungsphase einer Entscheidung *noch trägt*.«

Konflikt macht schlau!

Das Wort Konflikt hat meist einen negativen Klang. Man denkt an Streit und Zerwürfnis, an Aggression und Auseinandersetzung, an Krieg. Wir reden von Interessenkonflikten, von Arbeits-, Beziehungs- oder Generationskonflikten. Und manchmal stehen wir sogar mit uns selbst »im Konflikt«. Ein Konflikt gilt als »Disharmonie«, als »Störung« – als Zeichen, dass irgendetwas schiefläuft. Wo ein Konflikt ist, herrschen Unruhe und Gefahr. Oft drohen schlimme Konsequenzen: Konflikte können Beziehungen zerrütten und die Zusammenarbeit unterminieren. Andauernde Konflikte können hohe Kosten verursachen – und ein Unternehmen schlimmstenfalls sogar ruinieren.

Lange Zeit sahen auch die Organisationsforscher Konflikte fast ausschließlich negativ. Konflikte, so vermutete man, beeinträchtigen die Teamarbeit. Sie führen zu Spannungen, lenken Teammitglieder von der eigentlichen Aufgabe ab – mit der unangenehmen Konsequenz, dass Produktivität und Arbeitszufriedenheit sinken. Kurz gesagt: Konflikte sind unproduktiv, ja schädlich – und sollten daher vermieden, gelöst oder zumindest gut »gemanagt« werden.

Doch diese Sicht hat sich als viel zu einseitig herausgestellt.

Konflikte müssen keineswegs schädlich sein. Sie können Beziehungen stärken, statt sie zu zerstören. Und umgekehrt kann es fatal sein, Konflikte zu vermeiden oder gar zu unterdrücken. Ohne Konflikt gibt es weder Fortschritt noch Innovation. Wir brauchen daher nicht weniger Konflikt – sondern mehr davon. In Konflikten steckt Potenzial – vorausgesetzt man führt sie mit Sinn und Verstand.

Organisationspsychologen unterscheiden heute zwischen

»beziehungsbezogenen« und »aufgabenbezogenen« Konflikten. Beziehungskonflikte haben nichts mit den eigentlichen
Sachfragen zu tun, sondern beziehen sich auf persönliche
Dinge – von der Kleidung über das Aussehen bis zur sexuel-
len Orientierung. Diese Art Konflikt will im Unternehmen tatsächlich niemand haben. Beziehungskonflikte führen zu persönlichen Verletzungen und Kränkungen, die eine weitere
Zusammenarbeit manchmal sogar unmöglich machen. Wenn
Sie ständig an den billigen Schuhen Ihres Kollegen herum-
mäkeln, wird das gemeinsame Projekt vermutlich keine großen Erfolgsaussichten haben.

Aufgabenkonflikte beruhen auf Meinungsverschiedenheiten über eine gemeinsame Aufgabe. Dabei kann es um die Verteilung von Ressourcen ebenso gehen wie um die Interpretation bestimmter Fakten. Das kann die Strategie des Unternehmens sein, aber auch die Frage, welche Zahlen in einen
Geschäftsbericht aufgenommen werden sollen. Lange Zeit
nahmen Organisationsforscher an, dass Aufgabenkonflikte
die Gruppenleistung steigern können, während sich Beziehungskonflikte negativ auswirken. Tatsächlich dürfte der Zusammenhang aber komplizierter sein.

Konflikträchtig ist schon die Definition, was ein Konflikt
eigentlich ist. Man kann Konflikt ganz nüchtern als einen
Prozess definieren, in dem unvereinbare Unterschiede oder
Gegensätze aufeinanderprallen. Eine Person oder eine Grup-
pe fühlt sich negativ betroffen durch andere – durch deren
Interessen, Ziele, Werte, Meinungen oder Verhaltensweisen.
Wichtig ist: Nicht jeder Konflikt muss auf widerstreitenden
Interessen beruhen. Personen oder Gruppen können auch an-
einandergeraten, wenn sie eigentlich die gleichen Ziele ver-
folgen.

Die negativen Folgen von Konflikten kennt man schon lang.
Doch erst in den letzten Jahren stellten Organisationsforscher den Nutzen von Konflikten stärker in den Vordergrund.
Konflikte können Mitarbeiter unter Umständen zu mehr Leistung motivieren als eine harmonische Umgebung. Sie können die Kreativität eines Teams beflügeln und zu besseren
Entscheidungen führen. Und auf Unternehmensebene treibt
eine äußere Bedrohung oft sogar Innovationen voran. »Die

Forschung deutet darauf hin, dass Konflikt ein zentraler Treiber von Veränderung sein kann – sowohl auf der Ebene des Individuums wie auf der Ebene der Gruppe und des Unternehmens. Ohne Konflikt keine Veränderung, und keine Veränderung ohne Konflikt«, meint Carsten De Dreu, Organisations- und Konfliktforscher an der Universität Amsterdam.

In einer Studie analysierte De Dreu das Vertriebsnetzwerk eines internationalen Logistikunternehmens in den Niederlanden. Das Netzwerk bestand aus selbstverantwortlichen Teams, die für die Verteilung der Pakete in einer bestimmten Region zuständig waren. Dabei machten die Forscher eine bemerkenswerte Entdeckung: Konfliktarme Teams, in denen kaum über Aufgaben gestritten wurde, erwiesen sich als weniger innovativ – ebenso wie besonders streitsüchtige Gruppen. Teams mit »moderatem« Konfliktlevel hingegen entwickelten deutlich mehr Innovationen – von effizienteren Abläufen bei der Bearbeitung von Beschwerden über neue Sortiersysteme bis hin zu selbst gebastelten Boxen für Adressetiketten. De Dreus Erklärung erklärt das Ergebnis damit, dass »harmonische« Gruppen nicht genug Informationsaustausch ermöglichen, während es umgekehrt in besonders konfliktgeladenen Gruppen zu einem »Information Overload« kommt, der das innovative Denken ebenso behindert. Auf das richtige Maß kommt es also an: »Wie wir alle wissen, tut zu viel Konflikt weh«, resümiert De Dreu: »Aber zu wenig Konflikt tut genauso weh, vor allem wenn Teams innovativ sein müssen.«

Zu viel Harmonie macht dumm. Dissens und Konflikt können den Horizont erweitern.

Angenommen Sie sitzen im Vorstand eines Unternehmens und sollen über eine Investition entscheiden. Beim Mittagessen erörtern Sie mit einem anderen Vorstandsmitglied den Fall. Wie Sie selbst ist auch Ihr Kollege für die Investition. Später treffen Sie allerdings noch einen anderen Vorstandskollegen – und der ist aus verschiedenen Gründen dagegen. Was würden Sie denken: Verstehen Sie rein kognitiv den Gedankengang des Vorstandskollegen besser, mit dessen Meinung Sie übereinstimmen – oder die Argumente von jenem, der die gegensätzliche Meinung vertritt?

In einem Experiment untersuchten Forscher die Frage, wie sich offener Dissens auf das kognitive Verständnis auswirkt. Dazu stellte man Versuchspersonen folgendes Problem. Ein Schuldirektor steht vor der Entscheidung, ob er eine Schülerzeitung erlauben soll. Die Schüler sind dafür, die Eltern dagegen. Wie soll sich der Direktor entscheiden?

Die Probanden durften den Fall mit einem anderen Teilnehmer diskutieren. Allerdings wussten sie nicht, dass dieser Teilnehmer ein Komplize der Forscher war. Dieser Komplize sollte in der Diskussion mit der »Aufrechterhaltung von Ordnung« argumentieren. In einem Fall kam er zur gleichen Position wie der Proband, in einem anderen Fall vertrat er die gegensätzliche Position. Die Forscher wollten nun herausfinden, inwieweit die Teilnehmer die Sichtweise des Komplizen verstanden hatten – also seinen Fokus auf die »Aufrechterhaltung der Ordnung«. Zu diesem Zweck fragte man die Probanden, wie der »Komplize« ein anderes Problem lösen würde. Dazu legte man ihnen eine Liste von Argumenten vor und bat sie, davon vier Argumente auszuwählen, die der Komplize vermutlich benützen würde. Drei Argumente auf der Liste hatten mit der »Aufrechterhaltung der Ordnung« zu tun. Wenn die Probanden diese drei Argumente korrekt ankreuzten, so nahmen die Forscher an, dass sie die Sichtweise des Komplizen richtig verstanden hatten. Das verblüffende Ergebnis war nun: Jene Teilnehmer, bei denen der Komplize die Gegenmeinung vertreten hatte, fanden die drei entscheidenden Argumente mit höherer Wahrscheinlichkeit heraus als jene, die sich mit dem Komplizen einig waren.

Dissens kann also helfen, eine andere Sichtweise besser zu verstehen.

Konsenssucht führt zu geistiger Trägheit. Kontroverse Diskussion hingegen schafft neue Perspektiven. Oft braucht es eine klare Gegenposition, um die eigenen Argumente zu schärfen. Wer das nicht versteht, hat im Übrigen auch das Wesen der Demokratie nicht begriffen. Entscheidend ist nicht, dass die Gegenposition die richtige ist. Wesentlich ist, dass es sie überhaupt gibt.

Nehmen Sie das obige Beispiel des Managers. Die Gegenmeinung seines Kollegen zu der Investitionsentscheidung hat ihm sozusagen »gratis« ein paar zusätzliche Gedanken geliefert – eine neue Perspektive. Durch die neue Sichtweise kann er die Qualität seiner persönlichen Entscheidung verbessern – ob er nun bei seiner ursprünglichen Meinung bleibt oder nicht. Hätte der Vorstandskollege bloß genauso zugestimmt wie der erste, wären ihm diese Argumente entgangen. Unter anderem deshalb glaube ich, dass Harmonie verblödet.

Wir suchen ohnehin tendenziell eher nach Informationen, die unsere eigene Überzeugung bestätigen, als nach solchen, die unsere Meinung falsifizieren könnten. Insofern können wir dankbar sein, wenn wir in kontroversen Diskussionen einige solche Informationen sozusagen frei Haus geliefert bekommen!

Konflikt hat offenbar eine »aktivierende« Wirkung. Abweichende Meinungen in einer Gruppe steigern die Intensität der Informationsverarbeitung. Der Grund liegt darin, dass Menschen ihre Aufmerksamkeit nur selektiv einsetzen können. Wir können uns nicht auf alles gleichzeitig konzentrieren. In Gesprächssituationen hängt der Grad unserer Aufmerksamkeit unter anderem davon ab, ob die Meinung des anderen mit unserer eigenen Meinung übereinstimmt oder nicht. Solange sich das Gehörte mit unserer Meinung deckt, müssen wir ihm nicht allzu viel Beachtung schenken. Erst bei einer abweichenden Meinung spitzen wir die Ohren: Denn nun gibt es einen Hinweis, dass eine der beiden Meinungen falsch sein könnte – die des anderen oder womöglich sogar unsere eigene.

Die Forscher Stefan Schulz-Hardt, Andreas Mojzisch und Frank Vogelsang von der Universität Göttingen ließen Gruppen aus fünf Personen über ein Entscheidungsproblem mit zwei Alternativen diskutieren. Eine der Gruppen bestand aus Personen mit einheitlichen Präferenzen, in der anderen standen sich eine Mehrheit und eine Minderheit gegenüber. Nach der Diskussion konnten sich die Teilnehmer weitere Infos über das Thema beschaffen. Das Ergebnis: Die Mitglieder der Dissensgruppe verlangten mehr zusätzliche Informationen als die Mitglieder der Konsensgruppe. Ein ähnlicher Effekt zeigte sich in einem anderen Experiment: Wenn man Probanden mit einer Person konfrontierte, die eine andere Meinung vertrat als sie selbst, wollten sie hinterher mehr über die Person wissen als über eine Person, mit der sie sich einig waren.

Eine Gruppe, in der es abweichende Meinungen gibt, muss intensiver diskutieren, um zu einem Konsens zu kommen. Aus diesem Grund, so vermuten Schulz-Hardt und seine Kollegen, finden Dissensgruppen oft bessere Lösungen als Gruppen, in denen sich alle einig sind.

Es gibt Manager, die jeden Konflikt für eine gefährliche Bedrohung halten. Jede kleine Meinungsverschiedenheit erscheint ihnen als potenzieller Flächenbrand, jeder härtere Wortwechsel als möglicher Kriegsauslöser mit unabsehbaren Konsequenzen. Sobald sie irgendwo einen Konflikt wittern, versuchen sie auch schon alles, um die Sache aus der Welt zu schaffen. Panisch fangen sie dann an zu vermitteln und zu moderieren, als stünde die Zukunft des Unternehmens auf dem Spiel.

Manchmal kann das richtig sein. In vielen Fällen ist es aber auch einfach maßlos übertrieben – oder sogar schlicht kontraproduktiv.

Kontroverse Diskussionen können mitunter sehr leidenschaftlich sein. Das führt manchmal zu Irritationen – bis hin zu persönlichen Verletzungen.

Harte Gespräche

»Es gibt keine handlungsorientierte Unternehmenskultur ohne harte Gespräche – Gespräche, die durch Offenheit, Aufrichtigkeit und informelles Verhalten die Realität zutage fördern«, meint der US-Unternehmensberater Ram Charan.

Offenheit bedeutet, unvoreingenommen in eine Auseinandersetzung zu gehen. Das Ergebnis steht noch nicht fest. Man will neue Informationen bekommen, andere Meinungen hören – und selbst einen Beitrag zur Debatte leisten. Es geht um die Suche nach Alternativen und neuen Ideen. Dazu braucht es eine Atmosphäre von Vertrauen und Sicherheit.

Aufrichtigkeit bedeutet, unangenehme Dinge anzusprechen, Fehler und Versäumnisse zuzugeben – und den scheinbaren Konsens zu durchbrechen. Aufrichtigkeit heißt, dass jeder sagt, was er wirklich denkt – und nicht bloß das, von dem er glaubt, dass es von einem »Teamspieler« erwartet wird. Weichmacher-Kulturen verhindern diese Art von Dialog: »Tatsächlich kann Harmonie – die von vielen Führungspersonen erstrebt wird, die niemandem zu nahe treten wollen – zum Feind der Wahrheit werden. Sie kann kritisches Denken unterdrücken und dazu führen, dass keine Entscheidungen mehr getroffen werden«, meint Charan.

In Harmoniekulturen geschieht hingegen oft Folgendes: Im Meeting behalten wichtige Mitarbeiter ihre Einwände gegen eine Entscheidung für sich. Kaum ist die Sitzung zu Ende, beginnen sie das Projekt zu unterlaufen – bis es schließlich auf rätselhafte Weise versandet. Niemand kann genau sagen, wer das Projekt letztlich »gekillt« hat. Offensichtlich ist nur: Der scheinbare Konsens entsprach offenbar nicht der tatsächlichen Haltung im Team. »Ein gutes Motto, das man beachten sollte, ist: ›Wahrheit ist wichtiger als Harmonie‹«, schreibt Charan. Offenheit trage dazu bei, die »lautlosen Lügen und heimlichen Vetos auszumerzen«.

Harte Gespräche dienen nicht der Harmonie, sondern der Wahrheit. Sie bringen die Realität auf den Tisch, ohne Ausflüchte und politische Spielchen. »Der Grund dafür, dass die meisten Unternehmen die Realität nicht gut erkennen können, ist, dass die Gespräche nicht effektiv sind«, meint Charan. »Harte Gespräche« sind allerdings nur in einer »informellen« Atmosphäre möglich, in der jeder ungezwungen sagen kann, was er denkt.

Harte Gespräche brauchen einen Abschluss. Viele kennen die Situation: Ein Meeting ist zu Ende, man geht auseinander, es war wieder mal sehr nett – doch niemand weiß, was eigentlich zu tun ist. Es gibt keine Verantwortlichkeiten, Deadlines oder Sanktionen. Jeder Teilnehmer interpretiert das »Ergebnis« der Besprechung auf seine Weise. Am Ende ist niemand dafür verantwortlich, dass Ziele nicht erreicht wurden. Mit anderen Worten: Die Besprechung war pure Zeitverschwendung.

Die Kraft des Dialogs

In den 90er-Jahren startete der amerikanische Ökonom und Berater William Isaacs das »Dialog«-Projekt am Massachusetts Institute of Technology. Ausgangspunkt des Projekts war folgende Hypothese: Viele Probleme zwischen Managern und ihren Mitarbeitern beruhen auf der Unfähigkeit, einen erfolgreichen »Dialog« miteinander zu führen. Darunter versteht Isaacs weit mehr als bloß ein Gespräch: Dialog definiert er als eine Art gemeinsamen Erkenntnisprozess, der zwischen Menschen stattfindet.

Das Wort Dialog kommt aus dem Altgriechischen. »Dia« bedeutet »durch«, »logos« ist das »Wort«, der »Sinn«, aber auch die Vernunft. Für die Griechen war Dialog ein zentraler Teil der Bürgerpraxis – und eine Grundlage der Demokratie. Platon stellte seine philosophischen Theorien in Form von Dialogen dar.

Für Isaacs ist Dialog weder eine Diskussion noch eine Verhandlung. In Diskussionen geht es darum, Entscheidungen zu treffen; Verhandlung zielen auf Übereinstimmung zwischen verschiedenen Parteien. Das Ziel eines Dialogs bestehe hingegen darin, »ein neues Verständnis zu gewinnen und damit eine völlig neue Grundlage zu schaffen, auf der wir denken und handeln können«. Dialog ist nach Isaacs ein »Gespräch mit einem Zentrum, nicht mit Seiten«.

Dialog heißt nicht Harmoniestreben. Doch Dialog besteht auch nicht darin, blind die eigenen Vorurteile zu verteidigen. »In beiden Fällen – in falscher Harmonie und in polarisiertem Streit – hören die Menschen zu denken auf«, meint Isaacs.

Nach Isaacs scheitert wahrer Dialog an Denkgewohnheiten – an festgefahrenen Mustern, die einen gedanklichen Austausch verhindern. So neigen wir zur »Abstraktion«, also dazu, das Wesentliche aus den Augen zu verlieren. Zweitens vertrauen wir auf das, was wir schon kennen. Die dritte Gewohnheit besteht darin, dass wir ständig Urteile fällen, ohne sie zu hinterfragen. Die vierte Gewohnheit nennt Isaacs Gewalt. Wenn wir uns einmal auf ein Urteil festgelegt haben, versuchen wir es anderen aufzuzwingen.

Wahrer Dialog besteht für Isaacs aus vier Aspekten, die er »Zuhören«, »Respektieren«, »Suspendieren und »Voicing« nennt. »Zuhören« bedeutet weit mehr, als den anderen ausreden zu lassen. Es geht darum, zu erkennen, was wirklich gemeint ist, wo das Problem tatsächlich liegt. Unter »Respekt« versteht Isaacs nicht bloß, andere Menschen anzuerkennen. Respekt heißt auch, andere als »Fremde« zu sehen, statt zu glauben, dass man sie verstehe. »Suspendieren« bedeutet, ein Urteil vorläufig zurückzustellen, sich von anderen Sichtweisen beeinflussen zu lassen, Fragen zu stellen, statt bloß vorgefasste Meinungen zu äußern. Der vierte Aspekt ist, eine authentische »Stimme« zu finden – sich etwa nicht selbst zu zensieren.

Produktiver Konflikt im Team kann eine Art gemeinsamer Denkprozess sein. Es geht um Argumente, um Zweifel – also um eine Art Untersuchung. Das Ziel besteht darin, etwas herauszufinden, ein Problem zu lösen, eine Unsicherheit zu beseitigen. Effektives Konfliktmanagement bedeutet nach meiner Vorstellung, einen Konflikt in einen »Dialog« zu transformieren.

Der Verlauf von Konflikten hängt von einer Reihe von Faktoren ab. Psychologen gehen heute davon aus, dass in Konfliktsituationen komplexe kognitive und emotionale Prozesse ablaufen. Die Gruppenteilnehmer sitzen nicht einfach bloß passiv da und lassen alles über sich ergehen. Vielmehr unternehmen sie große Anstrengungen, um die Situation richtig zu verstehen, also etwa ihre eigenen Optionen abzuschätzen und die Absichten anderer Teilnehmer zu deuten. Auf kognitiver Ebene versuchen sie etwa herauszufinden, warum ein anderer etwas sagt oder tut: Will er mir schaden? Oder hatte er keine andere Wahl?

Wie Experimente gezeigt haben, entscheiden solche Zuschreibungen oder »Attributionen« oft über den weiteren Verlauf eines Konflikts. Wenn wir einer anderen Person böswillige Motive unterstellen, stehen wir ihr in weiterer Folge feindseliger gegenüber. Das Problem ist allerdings, dass wir uns bei solchen Interpretationen leicht irren können. In einer Konfliktsituation neigen Menschen oft dazu, ihren Gegnern böswillige Motive zu unterstellen – und hinter jeder schein-

bar feindseligen Aktion einen Plan oder eine Strategie zu vermuten.

Menschen in Konfliktsituationen tendieren dazu, ihre Gegner negativ zu beurteilen. Das kann manchmal bis zur Bildung von Vorurteilen und Stereotypen führen. Man sieht die
anderen nur noch als »Feinde« und unterstellt ihnen alle
möglichen negativen Eigenschaften und Intentionen. Unter
diesen Umständen verhärten sich die Fronten des Konflikts
natürlich weiter. Das Heimtückische ist: Wenn Stereotype einmal aktiviert sind, lassen sie sich nicht einfach bewusst unterdrücken – unbewusst beeinflussen sie weiter das Verhalten.

In Konfliktsituationen wollen Menschen Fehler vermeiden.
Daher versuchen sie manchmal, besonders rational nachzudenken, um zur bestmöglichen Lösung zu kommen. Diese kognitive Anstrengung kann allerdings auch kontraproduktiv
sein. Die Psychologen Timothy Wilson und Jonathan Schooler
ließen Studenten einmal verschiedene Marmeladesorten bewerten. Eine Gruppe sollte die Marmelade einfach nur probie-
ren und nach dem Geschmack bewerten. Die andere Gruppe
sollte versuchen zu erklären, wie sie zu ihrem Urteil gekommen war. Anschließend verglich man die Bewertungen der
Probanden mit den Bewertungen professioneller Geschmacks-
experten. Das verblüffende Ergebnis: Jene Probanden, die einfach nur den Geschmack bewertet hatten, schnitten deutlich
besser ab als die andere Gruppe, die ihr Urteil begründen
sollte.

Emotionen beeinflussen das Denken. Wenn wir in guter
Stimmung sind, neigen wir zu »positiven« Gedanken und umgekehrt. Emotionen beeinflussen auch, wie wir über andere
urteilen. Und jeder weiß: Wenn die Emotionen hochschlagen,
ist die Vernunft manchmal außer Kraft gesetzt. Aus blinder
Rachsucht sind Menschen manchmal sogar bereit, schwere
finanzielle Verluste in Kauf zu nehmen.

Wer sich in einer Gruppe gegen die Mehrheit stellt, muss
nach Konfliktforscher De Dreu vor allem zwei Barrieren überwinden. Erstens neigt die Mehrheit immer dazu, Minderheitsmeinungen abzulehnen. Dahinter steckt eine einfache Heuristik: Wenn alle zur gleichen Meinung kommen, dann glauben

sie, dass diese Meinung auch richtig ist. Zweitens hat die Mehrheit die Tendenz, Minderheitsmeinungen kritischer zu prüfen als andere. Statt zu versuchen, die Minderheitsmeinung zu verifizieren, versucht sie, diese mit allen Mitteln zu widerlegen.

In einem Experiment simulierten Schulz-Hardt und Kollegen eine Personalentscheidung. Gruppen aus drei Personen sollten aus vier Entscheidungsalternativen auswählen. Drei dieser Kandidaten (A, B, D) waren gleichwertig, aber nicht optimal; der vierte Kandidat C war die optimale Alternative – also die richtige Lösung. Jede Versuchsperson bekam nur einen Teil der Informationen über die einzelnen Kandidaten. Die Informationen waren so aufgeteilt, dass jeder Proband den eigentlich überlegenen Kandidaten C für weniger geeignet hielt als die anderen drei. Jeder Proband wusste dabei, dass ihm nur ein Teil der Informationen zur Verfügung stand – und dass die gesamte Information nötig war, um die beste Lösung herauszufinden. Jede der Gruppen sollte den Fall diskutieren und zu einer Gruppenentscheidung kommen.

Nachdem jeder Proband seine Präferenz geäußert hatte, stellten die Forscher allerdings verschiedene Gruppen zusammen. In einer davon waren sich vor Beginn der Diskussion alle über den gleichen Kandidaten einig, in anderen Gruppen gab es unterschiedliche Meinungen. Das Ergebnis: Die Konsensgruppe fand nur in sieben Prozent der Fälle die richtige Lösung. Die »gemischten« Gruppen schnitten deutlich besser ab, auch wenn keiner der Teilnehmer ursprünglich auf den richtigen Kandidaten getippt hatte. Wenn aber ein Gruppenmitglied den Optimalkandidaten favorisierte, wurde die Aufgabe sogar in 60 Prozent der Fälle richtig gelöst.

Offenbar verbessert Dissens auch dann die Entscheidungsqualität, wenn kein einziger »Abweichler« mit seiner Meinung richtigliegt. »Anders gesagt: Wenn Dissens herrscht, können drei Blinde zusammen sehen«, schreiben Schulz-Hardt und Kollegen. Ihre Schlussfolgerung: »Statt zu glauben, dass irgendetwas falsch läuft, wenn es Dissens gibt, sollten wir gewohnheitsmäßig misstrauisch sein, wenn es keinen Dissens gibt. Zumindest wenn das primäre Ziel darin besteht, die bestmögliche Lösung zu erreichen oder viele und gute neue

Ideen zu generieren, können Konsens und Harmonie gefährlich sein, während sich Dissens wahrscheinlich als hilfreich erweist.«

Weichmacher argumentieren nicht gern. Der Grund liegt in ihrer Konfliktscheu. Argumente sind immer angreifbar. Wer rational argumentiert, der läuft auch Gefahr, widerlegt zu werden.

Ohne Argumente gibt es aber keine rationale Diskussion.

Zu argumentieren heißt, andere von einer Behauptung zu überzeugen.»Behaupten« oder »meinen« kann man vieles. Ein Argument liefert Gründe. Nur auf Basis von Argumenten lassen sich Meinungen überhaupt miteinander vergleichen. Rationales Argumentieren hilft, Lügen und Bullshit zu entlarven. Durch Argumente kommt man aber auch zu neuen Einsichten. Jahrhundertelang glaubte man bekanntlich, die Erde sei eine Scheibe. Nur einige Querdenker zweifelten daran. Einer der Gründe war folgende merkwürdige Beobachtung: Wenn sich Schiffe vom Ufer entfernen, dann werden sie nicht nur kleiner, sondern es sieht auch so aus, als würden sie im Meer versinken. Aber wie lässt sich das erklären, wenn die Erde flach ist wie ein Brett?

Auf der Beobachtung beruhte ein durchaus brauchbares Argument.»Schiffe scheinen zu versinken, wenn sie sich vom Ufer entfernen. Also kann die Erde nicht flach sein.« Wie sich gezeigt hat, war dieses Argument richtig. Beweisbar war es damals nicht. Heute sieht es bekanntlich anders aus – Satellitenfotos zeigen etwa die Krümmung der Erdoberfläche. Dass die Erde eine Kugel ist, gilt als gesicherte Tatsache. Aber schon das ursprüngliche Argument war eine ganz gute Diskussionsgrundlage. Wer die Erde immer noch für eine Scheibe hielt, der musste zumindest das Faktum der »versinkenden« Schiffe auf Basis seiner Theorie erklären.

Wettbewerb

Wettbewerbsorientierte Mitarbeiter gelten gerade in Harmoniekulturen oft als egoistisch und unsozial. Die Wissenschaft zeichnet ein ähnlich negatives Bild. Eine kleine Auswahl: Im

Vergleich zu »kooperativen« Menschen benützen kompetitive Personen öfter soziale Strategien, die auf Misstrauen beruhen. Sie nehmen sich einen größeren Teil von gemeinsamen Ressourcen, sie handeln häufig in ihrem eigenen Interesse – und sie zeigen selbst dann einen wütenden Gesichtsausdruck, wenn sie eigentlich über positive Dinge sprechen. Mit anderen Worten: Kompetitive Menschen können ziemliche Kotzbrocken sein.

Allerdings hat man über diesen Mitarbeitertypus Erstaunliches herausgefunden. So erweisen sich kompetitive Menschen besonders flexibel in ihrem Denken, wenn sie mit ihrer eigenen Gruppe kooperieren müssen – vorausgesetzt das Team steht im Wettbewerb mit einem anderen. Und in dieser Situation zeigten sich die vermeintlich unsozialen Egoisten sogar besonders kooperativ. Das Problem ist nur, dass sich die kompetitiven Mitglieder gegenüber der »Outgroup« dann oft besonders streitsüchtig verhalten.

Produktiver Konflikt

Als die elf Jungs im Juni 1954 im Robbers Cave State Park aus ihrem Bus stiegen, wussten sie nicht, dass sie Teil eines Experiments waren – und dass es sich bei den Lagerleitern in Wirklichkeit um Forscher handelte, die das Verhalten der Gruppe manipulieren sollten. Und sie bemerkten auch nicht, dass in unmittelbarer Nähe eine zweite Gruppe mit elf anderen Jungs ihre Zelte aufgeschlagen hatte. Die eine Gruppe nannte sich »Adler«, die andere »Klapperschlangen«.

Zuerst brachten die »Campleiter« den Jungs bei, innerhalb ihres Teams zusammenzuarbeiten – etwa gemeinsam das Essen zu kochen oder Seilbrücken zu bauen. Bald entwickelte sich ein starkes Wir-Gefühl: So bastelten sich beide Gruppen Flaggen und pflegten ihre eigenen Rituale. Dann begann Phase zwei des Experiments. Die Forscher brachten »Adler« und »Klappenschlangen« zusammen und inszenierten Konflikte zwischen den Gruppen – mit teilweise ziemlich diabolischen Methoden. Unter anderem veranstalteten sie Wettkämpfe wie Tauziehen, Baseball oder eine Schatzsuche, bei denen es nur

Gewinner und Verlierer gab. Dann organisierten sie ein Fest
für beide Gruppen, bei dem sie allerdings dafür sorgten, dass
die »Adler« einige Zeit früher kamen als die »Klapperschlangen«. Die vorbereiteten Snacks bestanden aus zwei Arten von
Essen: Die eine Hälfte war frisch und wohlschmeckend, die
andere ziemlich alt und unappetitlich. Die »Adler« stürzten
sich auf das gute Essen. Als die »Klapperschlangen« bemerkten, dass die andere Gruppe sie übervorteilt hatte, reagierten
sie mit wüsten Beschimpfungen. Die »Adler« hingegen sahen
sich im Recht – nach dem Motto: Wer zuerst kommt, mahlt
zuerst. Der Streit eskalierte, die Feindseligkeiten mündeten
schließlich in handfeste Gewalt. Eines Tages verbrannten die
»Adler« die Fahne der »Klapperschlangen«, die wiederum re-
vanchierten sich, indem sie die Hütte der anderen überfielen.
Schließlich bewaffneten sich beide Gruppen sogar mit Base-
ballschlägern, um gegeneinander in den »Krieg« zu ziehen.

Die Forscher versuchten, die Lage zu beruhigen. Erst stri-
chen sie die Wettbewerbe aus dem Programm, doch das half
nichts. Die Mitglieder der beiden Gruppen weigerten sich, miteinander zu reden oder zu essen. Offenbar genügte es nicht
mehr, die Konfliktanlässe zu beseitigen. Selbst völlig harmlo-
se Situationen reichten, um Feindseligkeit und Misstrauen
weiter zu schüren.

Doch Sherif und seine Kollegen hatten eine clevere Idee.
Sie stellten den Gruppen Aufgaben, die sie nur gemeinsam
lösen konnten. Dazu manipulierten sie erst das Trinkwas-
sersystem des Lagers. Um das Zuleitungsrohr zu reparieren,
mussten beide Gruppen zusammenarbeiten. Bei einem Aus-
flug streikte plötzlich der Bus. Um ihn wieder zum Laufen zu
bringen, musste ihn alle zusammen einen Hügel hochziehen.
Schließlich organisierten die Forscher auch noch einen Film-
abend, für den beide Gruppen zusammen bezahlen mussten.
Die Zusammenarbeit entschärfte den Konflikt zwischen beiden Gruppen. Die Feindseligkeiten nahmen ab, Mitglieder der
beiden Gruppen freundeten sich sogar untereinander an –
und am Ende bestanden beide Gruppen darauf, gemeinsam
in einem Bus nach Hause zurückzufahren.

Die Lektion von Sherifs Experiment: Gemeinsame Ziele
können offenbar helfen, Konflikte zu entschärfen. Der zen-

trale Faktor dabei scheint die gegenseitige Abhängigkeit zu sein – also eine Situation, in der jeder den anderen braucht, um ein Ziel zu erreichen oder ein Problem zu lösen. Allerdings verliefen nicht alle Versuche Sherifs so erfolgreich. In einem vorangegangenen Versuch bemerkten die Jungs, dass sie manipuliert wurden – und ließen ihre Wut daraufhin an den Lagerleitern aus.

Lange betrachtete man Konflikte als Interessengegensätze. Zwei Parteien verfolgen unterschiedliche Ziele. Der eine will A erreichen, der andere B. Also kommt es zum Konflikt. Der Organisationstheoretiker Morton Deutsch hat jedoch eine andere Konfliktdefinition entwickelt. Nach seiner Theorie beruht Konflikt auf inkompatiblen Handlungen. Menschen haben einen Konflikt, wenn sich die Handlung einer Person negativ auf die Handlungen einer anderen auswirkt. Das heißt aber nicht zwangsläufig, dass beide Konfliktparteien verschiedene Ziele oder Interessen haben.

Deutsch unterschied drei Arten von gegenseitiger Abhängigkeit – promotive Interdependenz (Kooperation), Wettbewerb und Unabhängigkeit.

In einer promotiv interdependenten Situation gehen Mitglieder einer Gruppe davon aus, dass ihre Ziele in einer positiven Beziehung zueinander stehen: Wenn sich einer in Richtung Ziel bewegt, so kommt dadurch auch der andere dem Ziel näher. Idealerweise heißt das: Alle können gemeinsam gewinnen. Angenommen eine Arbeitsgruppe soll dem Management ein Konzept unterbreiten. Unter promotiv interdependenten Bedingungen verfolgen alle das gemeinsame Ziel, ein möglichst gutes Konzept zu erarbeiten. Zumindest theoretisch sollten die Teilnehmer der Arbeitsgruppe ein Interesse an einer möglichst offenen Diskussion haben, um das gemeinsame Ziel zu erreichen.

In einer Wettbewerbssituation hingegen sehen die Gruppenmitglieder ihre gegenseitige Abhängigkeit ganz anders: Wenn einer »gewinnt«, also seinem Ziel näher kommt, verlieren die anderen. In dieser Situation glaubt jeder Teilnehmer, dass er davon profitiert, wenn andere versagen – und dass er selbst erfolgreich ist, wenn andere keinen Erfolg haben. Die Teilnehmer haben daher kein Interesse an einer offenen, kontroversen Diskussion, sondern werden vielmehr versuchen, ihre eigene Meinung durchzusetzen.

Gemeinsame Ziele müssen nicht zur Harmonie und Konfliktvermeidung führen – im Gegenteil, glaubt der US-Organisationsforscher Dean Tjosvold. Vielmehr ermutigen sie zu kontroverser Diskussion und offenem Meinungsaustausch. Inkompatible Ziele hingegen führen offenbar dazu, dass Konflikte tendenziell unterdrückt werden. In einer Feldstudie untersuchte Tjosvold, wie sich konstruktive Konflikte auf die Arbeit der Kundendienstabteilung eines großen Telekomunternehmens auswirkten. Wenn die Mitarbeiter gemeinsame Ziele verfolgten und über Meinungsunterschiede offen diskutierten, verbesserten sich nicht nur Servicequalität und Effizienz, sondern auch die Beziehungen der Mitarbeiter untereinander.

Tjosvold glaubt sogar, dass Konfliktmanagement Mitarbeitern helfen kann, ihre inneren Konflikte zu lösen:»Gut gemanagter Konflikt ist eine Investition in die Zukunft. Die Menschen vertrauen einander mehr, fühlen sich stärker und wirksamer und glauben, dass sich ihre gemeinsamen Bemühungen auszahlen. Da sie sich fähiger und einiger fühlen, haben sie auch eine höhere Bereitschaft, für ihre Gruppen und Organisationen zu arbeiten. Der Erfolg wiederum stärkt die Beziehungen und die Individualität.«

Um es klar zu sagen: Einen Konflikt auszutragen heißt nicht, andere zu beleidigen, zu kränken oder sonst wie persönlich zu verletzen. Andererseits brauchen kontroverse Diskussionen eine gewisse Dosis Leidenschaft. Emotionen können Engagement signalisieren, sie wecken Aufmerksamkeit und vermitteln das Gefühl, dass einem eine Sache wirklich wichtig ist. Ohne Emotionen verflacht letztlich jede Debatte. Anders gesagt: Es muss möglich sein, in einem Meeting auch mal laut zu werden – wenn es die Dringlichkeit der Sache erfordert. Wut hat ein schlechtes Image: Sie gilt als Zeichen von Schwäche – und obendrein als ungesund. Doch in bestimmten Situationen kann sie ein wichtiges Signal sein, das auf ein ungelöstes Problem hinweist. »Ärger sagt uns, dass sich etwas ändern muss«, meint etwa der Emotionsforscher Paul Ekman. Um diese Veränderung herbeizuführen, muss man die

Quelle des Ärgers kennen: Ist es ein Fehler, eine Beleidigung, ein Angriff auf unser Selbstwertgefühl?

Wut ist keineswegs »sinnlos«. Man kann aus ihr lernen. »Ärger informiert andere über ein Problem«, sagt Ekman: »Unser verärgerter Gesichtsausdruck sagt einem anderen, dass wir sein Verhalten ablehnen. Und es kann für uns nützlich sein, dass andere das wissen.« Und nicht zwangsläufig macht Ärger krank. Ein Wutanfall kann Spaß machen – wie eine gelungene Provokation: »So wie einige Menschen Traurigkeit genießen, können sich andere an ihrem Ärger erfreuen. Sie suchen einen guten Streit; feindselige Gespräche und verbale Attacken sind aufregend und befriedigend. Einige Leute genießen sogar einen physischen Kampf«, schreibt Ekman.

Um es etwas zuzuspitzen: Emotionale Intelligenz ist langweilig. Das Charisma einer Führungskraft entsteht auch aus negativen Emotionen. »Der Ärger einer Führungskraft ist viel einprägsamer, wenn er durch geballte Fäuste, Schreien und ein verzerrtes Gesicht ausgedrückt wird«, glaubt die US-Psychologin und Charismaforscherin Patricia Wasielewski. In der richtigen Situation, in der richtigen Dosis können emotionale Ausbrüche »nützlich und symbolisch sein und Identifikation und Vertrauen schaffen, solange die Emotionen kollektive Gefühle und moralische Empfindungen widerspiegeln«, meint auch der Organisationspsychologe John Antonakis von der Universität Lausanne.

Weichmacher entziehen Diskussionen die Leidenschaft. Als gute Sozialtechniker versuchen sie, die Emotionen zu kontrollieren. Ihre größte Angst besteht darin, eine kontroverse Diskussion könnte eskalieren – womöglich gar zum Konflikt.

Konflikt bedeutet immer Risiko. Wer sich darauf einlässt, setzt etwas aufs Spiel – die Beziehung zu anderen, die eigene Reputation oder womöglich gar den Job. Man muss den eigenen Standpunkt verteidigen, Widerstände überwinden, Kritik, Spott und Ablehnung ertragen. Eine Minderheit muss damit rechnen, von der Mehrheit einfach überrollt zu werden. Eine offene, vertrauensvolle Atmosphäre kann dazu beitragen, dass Konflikte nicht entgleisen. Aber ein Restrisiko bleibt. Die besten Sozialtechniken können nicht verhindern, dass Konflikte Beziehungen oder Status beschädigen. Wer einen Konflikt eingeht, muss auch »einstecken« können – da helfen die besten Kommunikationsmethoden nichts.

Andererseits liegt im Konflikt auch eine Chance zur Weiterentwicklung. In kontroversen Diskussionen übt man, die eigenen Argumente zu schärfen. Jedes Gegenargument hilft dabei, die eigene Position zu überprüfen. Angst, Wut, Hass – alle diese Emotionen, die einen Konflikt häufig begleiten, können zu Lernerfahrungen führen. Das Herzklopfen vor einer kontroversen Wortmeldung kann ein Signal sein, dass wir uns unserer Sache nicht sicher sind, dass wir die Reaktionen anderer fürchten und vieles mehr. Wer sich offen gegen die Mehrheit stellt, erntet oft auch Bewunderung (»der traut sich aber was«) – und steigert dadurch das eigene Selbstvertrauen.

Konflikte können auch Spaß machen. Ich weiß, das klingt zynisch vor dem Hintergrund des Leids, das Konflikte in der Gesellschaft oft anrichten. Und doch: Konflikte haben eine äußerst anregende und motivierende Wirkung – sofern man es versteht, sie in eine produktive Richtung zu lenken.

Wer keinen Standpunkt vertritt, mit dem kann man nicht streiten. Mit Weichmachern gibt es keinen Konflikt. Man ist immer irgendwie einer Meinung. Diskussionen plätschern harmonisch vor sich hin. Man tauscht sich aus, man kommuniziert, man bleibt sachlich. Jeder darf alles sagen, keiner wird niedergebrüllt. Das klingt friedlich und zivilisiert.

Konflikte haben auch etwas Spielerisches, umgekehrt handeln die besten Spiele von Konflikt. Denken Sie an Schach oder Go. Es geht um Strategie und Taktik, man muss die »Züge« des Gegners antizipieren. Das eigene Verhalten wirkt sich auf das Verhalten des anderen aus. Und vor allen Dingen weiß man nicht von vornherein, wie die Sache ausgehen wird. Nicht umsonst benützt man Spiele häufig zur Konfliktsimulation. Auch Boxen ist ein Spiel. Genau deswegen macht es Spaß – und nicht etwa, weil es so befriedigend wäre, den anderen k. o. zu schlagen.

Psychologen halten Spiele heute für eine Form des Lernens. Selbst gewalttätige Computer-Games, so brutal sie auch sein mögen, scheinen bestimmte kognitive Fähigkeiten zu fördern.

In komplexen Online-Strategiespielen wie »World of Warcraft« geht es zwar auch um Konflikt – doch nicht blindes Dreinschlagen entscheidet, sondern Intelligenz und Kooperation.

Ich plädiere deshalb dafür, Konflikt und Kontroverse als eine Art Spiel zu betrachten – jedenfalls solange alles schön gewaltfrei, zivilisiert und fair bleibt. Weichmacher spielen nicht. Das macht sie oft so furchtbar langweilig und unkreativ.

Ein wenig Spieltheorie kann helfen, das Verhalten in Konfliktsituationen besser zu verstehen. Ein klassischer Interessenkonflikt ist ein »Nullsummenspiel«: Was der eine verliert, gewinnt der andere. Das ist nicht schön und unterm Strich »unproduktiv«, manchmal aber unvermeidlich. Manche Konflikte muss man einfach zu gewinnen versuchen.

Weichmacher bevorzugen da eher kooperative Win-win-Strategien, bei denen beide Seiten gewinnen können. Die Win-win-Idee hat sich bei den Weichmachern derart festgesetzt, dass viele sich gar nicht mehr vorstellen können, einen Konflikt einfach beinhart zu gewinnen.

Die Win-win-Idee beruht unter anderem auf dem einflussreichen Harvard-Verhandlungskonzept, das Roger Fisher und William Ury entwickelt haben. Die Kernidee liegt darin, bei kritischen Verhandlungen auf einen Ausgleich der Interessen abzuzielen, statt nur die jeweiligen Positionen zu fokussieren. Dazu muss man herausfinden, welche Interessen, Wünsche oder Befürchtungen hinter der Forderung des Verhandlungspartners wirklich stehen. Wenn die Interessen ähnlich genug sind, kann man dann versuchen, eine Annäherung herbeizuführen. Win-win-Strategien gelten heute als probates Mittel zur Lösung aller erdenklichen Konflikte – von Friedensverhandlungen bis zu Konflikten am Arbeitsplatz. Der einflussreiche Berater Steven Covey empfiehlt Win-win-Denken sogar als eine seiner berühmten »7 Habits of Highly Effective People«.

Wenn es eine Win-win-Lösung gibt, ist das schön. Das Problem ist nur: Bei einem Interessengegensatz funktioniert die Methode nicht. Mit einem Erzfeind kann man kein Win-win-Ergebnis erreichen. Wenn Sie einen Konflikt mit jemandem haben, der etwas völlig anderes will als Sie, dann müssen Sie entweder zurückstecken – oder eben den Konflikt gewinnen.

Denken Sie an das »Chicken Game«, bekannt aus dem Film *Denn sie wissen nicht, was sie tun*. Die beiden Kontrahenten rasen in ihren Autos aufeinander zu. Wer als erster ausweicht, hat verloren. Natürlich will keiner den Crash, andererseits will aber auch keiner der Feigling sein. Beide haben deshalb den Anreiz, möglichst lang auf Konfrontationskurs zu bleiben. Jeder wartet darauf, dass der andere ausweicht – schließlich will ja keiner der Feigling sein. Die Situation scheint »verfahren« zu sein, das Desaster vorprogrammiert. Die Interessen sind diametral entgegengesetzt, also gibt es auch keine Win-win-Lösung.

Wenn man verrückt genug ist, das Chicken Game zu spielen, gibt es allerdings eine Möglichkeit zu gewinnen: Man muss den anderen davon überzeugen, dass man selbst auf keinen Fall ausweichen wird. Ich gebe allerdings zu, dass das eine Brutalo-Variante ist, die in der Realität auch kaum funktionieren wird.

Wie du mir ...

Viele Konflikte sind jedoch keine Nullsummenspiele. Man sitzt im gleichen Boot – und im Idealfall können alle gewinnen. Keiner muss klein beigeben. Nehmen Sie folgende Situation. Zwei Tatverdächtige sitzen getrennt voneinander in Haft. Der Staatsanwalt bietet folgenden Deal an: Wenn einer den anderen verrät, kommt er frei und bekommt eine Belohnung – während der andere für fünf Jahre in den Knast muss. Wenn sich beide gegenseitig verraten, müssen sie für jeweils drei Jahre ins Gefängnis. Und wenn beide schweigen, kommen beide frei, allerdings erhalten sie keine Belohnung.

Das ist das berühmt-berüchtigte »Gefangenendilemma«.

Ein rationales Individuum müsste sich natürlich opportunistisch verhalten und den anderen verraten, um freizukommen und die Belohnung zu kassieren. Folglich müssten sich beide gegenseitig verraten – mit dem »suboptimalen« Ergebnis, dass beide für drei Jahre ins Gefängnis müssen. Interessant wird es erst, wenn man das »Spiel« über mehrere Runden spielt – wenn man also die Häftlinge wiederholt vor die gleiche Entscheidung stellt, nachdem man ihnen die vorherige Entscheidung des anderen mitgeteilt hat. Die erfolgreichste Strategie in diesem Fall nennt sich »Tit-for-Tat« – wie du mir, so ich dir. Man beginnt »kooperativ«, indem man schweigt. Wenn der andere nun zum Verräter wird, revanchiert man sich in der nächsten Runde, indem man ihn verrät. Falls der andere aber kooperativ reagiert, so antwortet man ebenfalls nett. Mit der Strategie gewinnt man das Spiel zwar nicht, doch Tit-for-Tat ist zumindest deutlich erfolgreicher als andere Strategien. Nach den Spieltheoretikern Barry Nalebuff und Avinash Dixit hat Tit-for-Tat vier Vorteile. Erstens ist sie so klar und einfach wie möglich. Zweitens ist sie nett, weil der Tit-for-Tat-Spieler nicht mit dem Verrat anfängt. Drittens lässt sie Verrat nicht unbestraft. Viertens ist Tit-for-Tat versöhnlich, denn sobald der andere aufgehört hat zu betrügen, kooperieren beide wieder miteinander.

Das klingt nach einer vernünftigen Strategie. Einerseits beginnt man nett, andererseits lässt man sich nichts gefallen – und revanchiert sich, wenn der andere betrügt. Auf diese Weise entsteht auf längere Sicht Kooperation. Leider ist diese Strategie in der Praxis nicht ohne Weiteres anwendbar, da es leicht zu Missverständnissen kommen kann. Aber das Prinzip macht durchaus Sinn: Immer nur nett sein zahlt sich nicht aus. Man darf sich nichts gefallen lassen, muss aber versöhnungsbereit bleiben. Permanenter Konflikt mit einem Kollegen kann zermürbend sein. Andererseits sollte man auch nicht vorzeitig zurückstecken. Nach der Spieltheorie hilft oft eine »gemischte Strategie« aus Rückzug und Angriff.

Streit im System

Gegen Harmoniesucht und Konsenskultur hilft manchmal nur organisierter Konflikt.

Ein Beispiel aus der Medienbranche. Qualitätsmagazine wie *Spiegel* oder *Stern* beschäftigen eine größere Zahl von Dokumentaren oder »Fact-Checkern«, deren vornehmliche Aufgabe darin besteht, Geschichten auf ihren Wahrheitsgehalt zu überprüfen. Für einen Redakteur oder Autor kann die Begegnung mit einem hartgesottenen Fact-Checker mitunter eine ziemlich unangenehme Erfahrung sein. Fact-Checker sehen es als ihre professionelle Verpflichtung an, alle Tatsachenbehauptungen in einem Artikel zunächst mal zu hinterfragen. Das ist ihr Job, dafür werden sie bezahlt. Ihre Aufgabe besteht in Dissens. Auf diese Weise entsteht zwischen Redakteur und Fact-Checker eine Art produktiver Konflikt. Als Autor einer Geschichte ist man natürlich davon überzeugt, dass man akkurat recherchiert hat. Nun kommt der Fact-Checker und zieht diese Sorgfalt plötzlich in Zweifel. Für jede noch so unbedeutende Tatsache, für jede Zahl, für jedes Zitat fordert er einen Beleg. Unklare Fakten recherchiert er nach. Mit einem guten Fact-Checker kann man eine Stunde lang streiten, ob eine bestimmte Aussage richtig ist oder nur beinahe richtig – oder schlicht und einfach falsch. In diesem Prozess prallen mitunter schwer vereinbare Sichtweisen aufeinander.

Der Autor will eine pointierte Formulierung, der Fact-Checker eine korrekte Tatsachenbehauptung. Am Ende aber verfolgen beide das gleiche Ziel – nämlich einen guten und sachlich richtigen Text.

Es liegt auf der Hand, dass Fact-Checking der Qualitätssicherung dient. Ein investigatives Magazin wie *Spiegel* oder *Stern* erspart sich durch eine leistungsfähige Dokumentation hohe Prozesskosten und peinliche Gegendarstellungen. Fact-Checking ist aber auch ein Beispiel dafür, wie man einen höchst produktiven Konflikt im Unternehmen »installieren« kann. Der Witz dabei ist, dass sich der »Wert« der Dokumentation nicht bloß daran bemisst, dass sie fehlerhafte Tatsachenbehauptungen aufdeckt. Aus meiner journalistischen Erfahrung wage ich zu behaupten: Schon allein die Existenz des Fact-Checkings bringt die Redakteure dazu, besser recherchierte Geschichten abzuliefern. Kein Redakteur lässt sich gern vom Fact-Checker vorführen.

Sogenannte »Whistleblower«, die Missstände oder Fehlentwicklungen an die Öffentlichkeit bringen, sind in ihrem Unternehmen nicht sehr beliebt. Selbst wenn sie nach bestem Gewissen handeln, gelten sie häufig als illoyale Nestbeschmutzer und Verräter. Dabei kann ihr Wirken für das Unternehmen äußerst verdienstvoll sein.

Natürlich muss man unterscheiden zwischen einem Whistleblower und einer »undichten Stelle«, die aus Eigeninteresse Journalisten mit vertraulichen Geschäftsinformationen füttert. Ein Whistleblower im strengen Sinn handelt aus Gewissensgründen, um unlautere oder sogar gefährliche Machenschaften zu unterbinden. Er schlägt in der Öffentlichkeit Alarm, weil er innerhalb des Unternehmens keine Möglichkeit sieht, sich Gehör zu verschaffen – oder weil er sogar Repressalien zu befürchten hat. Bei Whistleblowern denkt man an Hinweisgeber wie den FBI-Agenten William Mark Felt, der als »Deep Throat« die entscheidenden Hinweise zur Aufdeckung der Watergate-Affäre gab. Oder an den US-Ingenieur Roger Boisjoly, der vor jenen defekten O-Ringen warnte, die im Januar 1986 die Challenger-Katastrophe verursachten.

Die Grenzen sind allerdings fließend. In meiner Zeit als Investigativjournalist hatte ich oft mit Quellen zu tun, die vertrauliche Informationen einfach deshalb nach außen trugen, weil sie mit bestimmten Entscheidungen nicht einverstanden waren. Dabei ging es weder um den Schutz der Demokratie noch um das Verhindern einer nationalen Katastrophe. Diese Leute waren oft schlicht »Dissidenten«, die sich mit ihrer Minderheitsmeinung nicht durchsetzen konnten – oder die es, aus welchen Gründen auch immer, gar nicht erst versucht hatten. Sicher verfolgten nicht alle die besten Absichten, als sie mir brisante Dokumente und Insider-Informationen zuspielten. Aber viele machten sich auch ernsthaft Sorgen über Entwicklungen und Missstände in ihrem Unternehmen.

Harmoniekulturen lassen sich auch daran erkennen, in welchem Maße interne Informationen über Entscheidungsprozesse an die Öffentlichkeit gelangen. Wenn es nämlich offenen Dissens gäbe, müsste niemand Informationen nach außen spielen, um auf Fehlentwicklungen aufmerksam zu machen.

Gerade in Krisenzeiten reagieren Manager oft äußerst angefasst, wenn wieder mal vertrauliche Gesprächsinhalte aus einer überschaubaren Besprechungsrunde durchsickern. Dieselben Manager wundern sich aber anscheinend nicht darüber, dass es in der gleichen Sitzung keine einzige abweichende Meinung gab. Offenbar trug der »Verräter« die Entscheidung mit, obwohl er eigentlich andere Interessen verfolgte. Mit anderen Worten: Jemand in der Runde sagte vermutlich nicht das, was er wirklich dachte – aus welchen Gründen auch immer.

Nichtsdestoweniger kann Whistleblowing manchmal die einzige Möglichkeit sein, Missstände in einem Unternehmen zu korrigieren. Ein paar Whistleblower mehr in der internationalen Finanzwelt hätten möglicherweise jene Fehlentwicklungen aufdecken können, die letztlich zur Finanzkrise 2008 führten. Denken Sie an den Fall des französischen Börsenhändlers Jérôme Kerviel, der fünf Milliarden verzockt hatte und dafür letztlich zu fünf Jahren Haft verurteilt wurde. Zu Recht kann man sich fragen, wie die Bank das zulassen konnte. Allerdings fragt man sich auch: Warum gab es keinen Whistleblower, der Kerviels Zockereien aufdeckte, bevor es zu spät war?

In den Augen einiger Manager mag es frevelhaft klingen: Aber ich bin völlig davon überzeugt, dass es gerade die »undichten Stellen« sind, die oft wichtige Veränderungsprozesse anstoßen.

Whistleblower sind stille Dissidenten. Mit ihrer Art von Widerstand können sie helfen, Fehlentwicklungen zu erkennen und zu korrigieren. Damit tragen sie zur Zukunft des Unternehmens jedenfalls mehr bei als jene Weichmacher, die alle Probleme unter den Teppich kehren. Aus meiner »investigativen« Erfahrung wage ich zu behaupten: Entschlossene Manager, die Veränderung vorantreiben wollen, machen sich Whistleblower zunutze, statt sie zu verfolgen. Und wenn gar nichts anderes mehr hilft, dann werden sie selber welche. In Zeiten von »Wikileaks« müssen Unternehmen lernen, mit der Gefahr »undichter Stellen« zu leben. Meine Hoffnung ist, dass dieser Lernprozess zu mehr Transparenz und Aufrichtigkeit führt. Dazu gehört die Fähigkeit, Konflikte offen auszutragen, statt Probleme unter den Teppich zu kehren.

11 Wider die Harmonie

Niemand wird als Kämpfer geboren. Jeder von uns besitzt einen Freundlichkeitsinstinkt. Und wir alle tendieren zu Konfliktscheu und Konformismus. Wir alle streben nach Harmonie. Der eine mehr, der andere weniger.

Der Weichmacher sitzt in jedem von uns.

Als ich zum ersten Mal im Boxring stand, hatte ich vor allem eines – Angst. Die Situation wirkte bedrohlich. Jemand versuchte, mich zu schlagen. Ich wusste zwar, dass er mich nicht verletzen würde. Es waren keine harten Treffer. Und doch hatte ich Angst.

Ich wollte nur weg.

Raus aus dieser Situation.

Einfach nur »überleben«.

In den letzten Jahren absolvierte ich einige Hundert Sparringsrunden. Im Laufe der Zeit habe ich mich an die Situation gewöhnt. Ich lernte, Treffer einzustecken. Entwickelte »Sparringshärte«, wie es der Trainer nennt. Das Gefühl der Bedrohung machte mir nichts mehr aus. Die Angst verschwand zwar nie ganz. Doch der Spaß überwog, und ich begann, das Boxen als eine Art Spiel zu sehen.

Wer aus einer Harmoniekultur ausscheren will, muss vor allem seine eigene Angst überwinden. Die Angst davor, andere zu verletzen. Die Angst, selbst verletzt zu werden. Die Angst vor dem Scheitern, vor Ablehnung und Isolation.

Niemand kann einem diese Angst nehmen. Kein Coach,

kein Trainer, kein Therapeut. Wer sich auf Dissens einlässt, geht immer ein Risiko ein. Der kann sich blamieren, sich Feinde machen oder womöglich gar den Job verlieren. In diesem Buch plädiere ich für Mut zum Konflikt.

Aber warum eigentlich?

Warum selber was riskieren?

Können das nicht die anderen tun?

Ich sehe drei Gründe, warum es Sinn macht, den Weichmacher in sich selbst zu überwinden.

Erstens: Konflikt ist spannend. Es kann befriedigend sein, nicht mit der Herde zu ziehen, sondern eine ungewohnte Sicht auf die Dinge zu entwickeln. Nicht bloß das Nettsein aktiviert die Belohnungskreisläufe in unserem Gehirn. Es ist auch die Lust auf Neues, auf Herausforderung, die uns einen »Kick« verschafft.

Zweitens: Konflikt macht uns schlauer. Dissens und Kontroverse erweitern den Horizont, sie fördern Kreativität und Innovation. Konflikt führt oft zu besseren Entscheidungen. Harmonie hingegen macht träge und dumm.

Doch es gibt noch einen dritten Grund.

Wer sich auf Konflikt einlässt, wer offen dissidiert, dient nicht bloß seinen eigenen Zielen. Er beteiligt sich an einem kollektiven Prozess der Wahrheitsfindung.

Harmoniekulturen verschleiern die Wahrheit. Konflikte decken sie tendenziell auf.

Ich habe mich in diesem Buch einige Male für die Wahrheit starkgemacht. Wahrheit kann knallhart sein. Sie erschüttert Vorurteile und Gewohnheiten, sie bringt Überzeugungen ins Wanken. Sie kann provozieren, kränken und verletzen. Und doch brauchen wir sie.

Wahrheit ist wichtig.

Wer Wahrheit will, muss Aufrichtigkeit belohnen – und Lügen bestrafen. Das erfordert Mut und die Bereitschaft, Gewohnheiten zu durchbrechen. Konkret heißt es unter Umständen, die herrschende Meeting-Kultur und Entscheidungsstrukturen zu verändern.

Es heißt aber auch, selbst ein Beispiel zu geben.

Aufrichtigkeit muss man vorleben. Das beginnt im Vieraugengespräch. Weichmacher-Kulturen erkennt man unter anderem daran, dass permanent schlecht über nicht anwesende Personen geredet wird. Das ist eine der unschönen Konsequenzen von Konfliktscheu. Wer eine Harmoniekultur verändern will, darf ein solches Verhalten nicht tolerieren – geschweige denn selbst an den Tag legen. In meiner beruflichen Laufbahn habe ich gelernt, prinzipiell allen Führungskräften zu misstrauen, die gewohnheitsmäßig über Kollegen oder Mitarbeiter »herziehen«. Der Grund ist sehr einfach. Über andere schlecht zu reden ist nicht bloß unfein. Es zeigt auch Führungsschwäche. Aus eigener Erfahrung weiß ich: Gerade wenn man als Chef in Schwierigkeiten ist, neigt man besonders dazu, über seine Mitarbeiter herzuziehen. Natürlich sucht man damit auch Bestätigung: Wenn die Mitarbeiter so unfähig sind, dann kann der Chef auch nicht viel machen. Allerdings fragt sich dann, warum man als Chef nicht schon lange etwas dagegen unternommen hat, statt bloß gegenüber Dritten darüber zu lamentieren.

Harmoniekulturen schaffen sich nicht von selber ab. Im Gegenteil: Weichmacher züchten immer wieder Weichmacher nach. Jede Harmoniekultur pflanzt sich fort, wenn man sie nur sich selbst überlässt. Der Grund liegt nicht in einer Widerstandshaltung, sondern in tief verankerten sozialpsychologischen Mechanismen: Menschen umgeben sich gern mit Menschen, die ihnen ähnlich sind. Ein harmoniesüchtiges Unternehmen wird tendenziell weiter harmoniesüchtige Mitarbeiter rekrutieren – und keinen Querdenker, der auf Konflikt gebürstet ist.

Appelle sind deshalb meist ebenso sinnlos wie gute Vorsätze. Ein Weichmacher-Team kann sich vornehmen, in Zukunft »offener miteinander umzugehen«. Doch verändern wird das sehr wahrscheinlich nichts. Harmoniesucht ist eine Gewohnheit, die schwer zu durchbrechen ist – wie jede Sucht.

Wer Harmoniekulturen verändern will, muss deshalb auch die Regeln neu definieren. Gegen Weichmacher hilft manchmal nur Härte. Gerade in Veränderungsprozessen braucht es Offenheit und Dissens – und keine Harmoniekultur, die alle Probleme unter den Teppich kehrt. In Krisenzeiten hilft es nicht, das Wir-Gefühl zu beschwören. Und es kann gefährlich sein, bloß unkritische Jasager um sich zu scharen.

Wer eine Organisation umkrempeln will, muss die Weichmacher bekämpfen – und nicht die Kritiker und Querdenker. Nicht die Abweichler blockieren den Wandel. Es sind die Weichmacher, die wollen, dass alles so »harmonisch« bleibt, wie es ist. Nach außen hin sind sie selbstverständlich für den Wandel. In Wirklichkeit sind Weichmacher das größte Hindernis. Dabei bieten sie schon per Definition keinen Widerstand: Auch in Krisenzeiten machen sie es wie immer – sie lassen sich nicht festnageln, sie lavieren sich einfach durch. Statt Sand ins Getriebe zu streuen, gießen sie Pudding hinein.

Ohne Konflikte ist kein Wandel möglich. Wer tief greifende Veränderung will, muss deshalb die Weichmacher aus den Schlüsselpositionen entfernen – und zwar energisch und schnell. Tatsächlich passiert in Harmoniekulturen aber oft das genaue Gegenteil. Gerade in Zeiten der Bedrohung kuschelt man besonders gern. Und da umgibt man sich auch als Manager lieber mit Leuten, die keinen Ärger machen, als mit Kritikern und Querdenkern. Und gerade in solchen Situationen hören manche lieber Lügen als unangenehme Tatsachen.

Wahrheit ist nicht immer beliebt.

Gegen Weichmacher vorzugehen heißt aber auch, eine gewisse Ambivalenz einzugestehen. Niemand will in einem Unternehmen arbeiten, in dem bloß rücksichtsloser Wettbewerb herrscht. Jeder arbeitet gern mit netten Leuten zusammen. Und man mag über die viel zitierte Konsenskultur von VW den Kopf schütteln. Aber zugleich kann niemand wollen, dass Wolfsburg brennt. Der Gegenpol von Harmonie ist nicht der Klassenkampf.

Gegen Harmoniekultur hilft nur produktiver Konflikt.

Verquaste Bullshit-Begriffe wie »Wertschätzung«, »Wir-Gefühl« oder »Win-win-Situation« helfen da nicht weiter, weil sie die Beziehungen in einer Harmoniekultur nur weiter vernebeln, statt Klarheit zu schaffen.

Die Schlüsselbegriffe lauten nach meiner Auffassung Vertrauen, Aufrichtigkeit und Respekt.

Ohne Vertrauen gibt es keine tragfähigen menschlichen Beziehungen, ohne Aufrichtigkeit keine produktive Diskussion, ohne Respekt keinen fairen Dialog.

Das stärkste Argument gegen Harmoniekulturen ist, dass sie alle drei unterminieren. Weichmacher schaffen ein Klima des Misstrauens und der Intransparenz. Ihr Kommunikationsmuster beruht auf Unaufrichtigkeit und »Doublebind«, sie vermitteln also widersprüchliche Signale: Weichmacher loben überschwänglich, doch ihre Mimik zeigt, dass sie es nicht ernst meinen. Sie stimmen einer Entscheidung zu, und zugleich vermitteln sie das Gefühl, dass sie in Wirklichkeit dagegen sind. Alle ihre Botschaften sind doppelbödig. Niemals weiß man, was sie wirklich denken. Genau deshalb zeigen sie mit ihrer Freundlichkeit auch nicht Respekt, sondern Gleichgültigkeit und Desinteresse.

Vertrauen ist eine Erwartungshaltung – der feste Glaube, sich auf jemanden (oder auf etwas) »verlassen« zu können. Man vertraut darauf, dass jemand die Wahrheit sagt. Dass eine Ankündigung auch wirklich eintreffen wird. Dass jemand sagt, was er wirklich denkt. Dass ein Produkt, das man gekauft hat, auch tatsächlich funktioniert. Vertrauen scheint so elementar zu sein, dass wir kaum darüber nachdenken. Und bei jeder Gelegenheit beschwören Manager diesen großen Begriff – meist ebenso ohne nachzudenken. Da ist dann die Rede von »Vertrauenskultur«, von »Vertrauen schaffen«, »vertrauensbildenden Maßnahmen« und dergleichen.

Vertrauen braucht eine Grundlage. Einem Fremden vertraut man nicht ohne Weiteres. Vertrauen muss gerechtfertigt sein, sonst ist es blind. Andererseits empfindet man es als »Vertrauensbeweis«, wenn einem der Chef eine schwierige Aufgabe »anvertraut«. Neue Mitarbeiter bekommen einen »Vertrauensvorschuss«. Vertrauen kann enttäuscht werden – wenn jemand die in ihn gesetzten Erwartungen nicht erfüllt. Und unehrliches Verhalten zerstört bekanntlich die »Vertrauensbasis«.

Auf die Dauer gibt es kein Vertrauen ohne Gründe. Der Vertrauensbegriff ist daher eng an den Begriff der Wahrheit gekoppelt. Harmoniekulturen unterminieren nicht nur die Wahrheit – sondern meist auch das Vertrauen, auf das sie sich so gern berufen.

Einem Weichmacher kann man nicht vertrauen, weil man ihm nicht mal »trauen« kann. Wer keine klaren Positionen vertritt, wer für nichts steht, ist auch nicht »vertrauenswürdig«. Man weiß eben nicht, auf wen man sich »einlässt« – folglich kann man sich auch nicht auf ihn »verlassen«.

Einige Regeln können Ihnen dabei helfen, gegen Weichmacher-Kulturen vorzugehen:

Klare Sprache: Tolerieren Sie keinen Bullshit, sondern fordern und fördern Sie eine klare Sprache statt sinnentleerter Worthülsen. Und wenn Sie doch Bullshit hören: Fragen Sie nach, verlangen Sie Präzisierung: Was genau ist gemeint? Wer genau ist verantwortlich? In welchem Zeitraum genau soll etwas getan werden?

Offener Dissens: Hinterfragen Sie einstimmige Entscheidungen prinzipiell. Akzeptieren Sie einen Beschluss erst dann, wenn mindestens eine Gegenmeinung auf dem Tisch ist. Fragen Sie nach, wenn sich ein Mitglied im Team nicht oder unklar äußert – und fordern Sie eine Begründung. Geheime Abstimmungen können manchmal helfen, verdeckten Dissens ans Licht zu bringen.

Commitment: Verlangen Sie von Weichmachern, dass sie sich vor der Gruppe auf eine Meinung festlegen. Ein »öffentliches« Commitment reduziert die Wahrscheinlichkeit, dass sie bei der erstbesten Gelegenheit »umfallen« – und mit dem Strom schwimmen.

Rechenschaft: Erklären Sie Teammitgliedern, dass sie Entscheidungen präzise begründen und vor der Gruppe rechtfertigen müssen. Damit machen Sie klar, dass Sie stupide Herdenmentalität nicht tolerieren: Wer eine Entscheidung trifft oder eine Meinung vertritt, muss dafür auch Rechenschaft ablegen.

Querdenker: Fördern Sie Querdenker, Nerds, »gemäßigte Radikale« und andere Abweichler. Belohnen Sie Dissens und individuelle kreative Leistungen.

Organisierter Dissens: Bauen Sie in Ihre Unternehmensstrukturen Einheiten ein, die systematisch Dissens produzieren – analog zum Fact-Checking im Medienbereich.

Ziele: Achten Sie beim Konfliktmanagement darauf, dass sich die Konfliktparteien über gemeinsame Werte und Ziele verständigen.

Konsequenz: Machen Sie deutlich, welche Konsequenzen und Sanktionen auf ein nicht eingehaltenes Commitment folgen. Und versuchen Sie, Konsequenz auch selbst vorzuleben.

Abschluss: Beenden Sie Meetings nicht, ohne Resultate, Aufgaben, Verantwortlichkeiten und Deadlines zu dokumentieren.

Diversität: Setzen Sie Teams möglichst heterogen zusammen, um Groupthink zu verhindern.

Teams: Lassen Sie Teams nicht isoliert »vor sich hin arbeiten«. Lassen Sie sich regelmäßig Bericht erstatten und greifen Sie ein, sobald Sie Hinweise auf Schwierigkeiten haben. Überprüfen Sie die Zahl Ihrer Teams – und schaffen Sie alle ab, deren Sinnhaftigkeit nicht klar ist.

Der Kampf gegen das süße Gift der Harmoniekultur ist mühsam und hart. Eben das macht ihn zu einem lohnenden Konflikt. In diesem Buch plädiere ich dafür, uns die Dinge schwieriger zu machen – und nicht unnötig einfach. Harmonie ist Stillstand. Konflikt hingegen ist Bewegung – und dabei Weg und Ziel zugleich. Dissens kann anregen, Kontroverse bereichern, Streit motivieren. Wahre Harmonie herrscht nur im Grab. Das Leben steckt voller Konflikt, aber wo Konflikt ist, da ist auch Leben. Die Weichmacher, das sind nicht bloß harmoniesüchtige Führungskräfte. Der Weichmacher steht auch als Metapher für eine bestimmte Geisteshaltung – und eine Haltung zum Leben. Weichmacher betrügen sich selbst und andere um den Missklang, den wir für den Fortschritt brauchen. Im Grunde streben sie nach dem langweiligsten alle Ziele – nach Glück und Zufriedenheit. Viel spannender ist es, uns selbst und die Welt zu verändern.

Genau dafür brauchen wir den viel gehassten Konflikt.

Der Boxer in mir sagt: Manchmal können wir ruhig mehr Härte wagen.

Wir sind weich genug.

Glossar
Weichmacher-Sprache von A bis Z

Abstimmen, sich: Wichtigste Aktivität in jeder Harmoniekultur. Um Konflikte zu vermeiden, muss man sich ständig mit anderen »koordinieren«. Sich mit anderen abstimmen kann bedeuten: Jemanden über einen Vorgang informieren, seine Zustimmung einholen, eine Entscheidung abnicken lassen.

Andenken: Offensichtlich eine Vorstufe des Denkens, eng verwandt mit dem »Anplanen« eines Projekts.

Aufeinander zugehen: Offenbar das Gegenteil von »sich voneinander entfernen«. Bezeichnet eine Art der freundlich-wertschätzenden Annäherung zwischen unterschiedlichen Positionen.

Brainstormen: Angebliche Wunderwaffe, um Probleme zu »erstürmen« und kreative Ideen zu produzieren. Zeitvertreib auf Meetings und Teamseminaren.

Einbinden: Jemanden in irgendeinen Vorgang auf eine unbestimmte Weise einbeziehen. Kann heißen, jemanden an einem Entscheidungsprozess zu beteiligen – oder ihn auch nur informieren, damit er später nicht dazwischenfunkt.

Eingehen, aufeinander: Emotional intelligente Form der Kommunikation, meist auf der Basis von »aktivem Zuhören«.

Emotionale Intelligenz: Fähigkeit, eigene Emotionen zu kontrollieren – und andere zu manipulieren. Zielt ab auf das Erlangen von Glück und Zufriedenheit.

Gefühl im Bauch: Manifestation von Emotionen vor einer Entscheidung, muss nicht rational begründet werden.

Ins Boot holen: Sinnverwandt mit »jemanden einbinden«, hebt aber noch stärker auf den Teamgedanken ab.

Konsens: Ziel jedes Entscheidungsprozesses. Soll möglichst rasch und ohne lästige Gegenstimmen erzielt werden.

Meeting: Kultischer Ort, an dem der Teamgeist angerufen wird. Zulassungsbedingung ist hinreichend ausgeprägte »emotionale Intelligenz«.

Potenzial: Verborgene Fähigkeiten, die in jedem Mitarbeiter schlummern und gefördert werden müssen.

Suboptimal: Weniger gut als optimal. Emotional intelligente Form der Kritik, welche die Interpretation dem Adressaten überlässt.

Synergieeffekt: Positive Wirkung, die sich aus dem Zusammenwirken verschiedener Faktoren ergibt – das Ganze ist mehr als die Summe seiner Teile. Legitimiert Kooperationen, Projekte oder Veranstaltungen, für die es keine sachliche Rechtfertigung gibt.

Team: Seinsweise in einer Harmoniekultur. Zielt ab auf Erzeugung des sogenannten Wir-Gefühls. Ermöglicht Führungskräften, Verantwortung zu delegieren.

Teamgeist: Positive Emotion des Teamplayers, der völlig im Wir-Gefühl aufgeht.

Teamplayer: Grundanforderung an jeden Mitarbeiter in einer Harmoniekultur.

Wertschätzung: Grundsätzlich positive Bewertung eines Kollegen beziehungsweise Mitarbeiters, ungeachtet seiner tatsächlichen Fähigkeit. Elementares Menschenrecht in jeder Harmoniekultur.

Win-win-Situation: Situation, bei der alle Seiten profitieren. Vielseitig anwendbare Strategie zur Lösung beziehungsweise Vermeidung von Konflikten, die grundsätzlich immer angestrebt werden soll.

Zeitnah: Weichmacher-Synonym für »irgendwann«.

Literaturverzeichnis

1 Der Harmonieinstinkt

Aronson, Elliot: *The Social Animal*. New York 2008
Brizendine, Louann: *The Female Brain*. New York 2006
Cialdini, Robert B.: *Influence. The Psychology of Persuasion*. New York 2007
Darwin, Charles: *Die Abstammung des Menschen*. Paderborn 2005
Dawkins, Richard: *Das egoistische Gen*. Reinbek 2000
Freud, Sigmund: *Das Unbehagen in der Kultur*. Frankfurt am Main 1994
Gilovich, Thomas: *How We Know what isn't So*. New York 1991
Hauser, Marc D.: *Moral Minds*. New York 2006
Hobbes, Thomas: *Vom Menschen. Vom Bürger*. Hamburg 1994
Iacoboni, Marco: *Mirroring People*. New York 2008
Lehrer, Jonah: *How we Decide*. Boston 2009
Ovid: *Metamorphosen*. Stuttgart 2010
Phillips, Adam; Taylor, Barbara: *On Kindness*. New York 2009
Smith, Adam: *The Theory of Moral Sentiments*. Mineola 2006

2 Seelenmassage

Aristoteles: *Die Nikomachische Ethik*. Zürich/München 2000
Carnegie, Dale: *How To Win Friends & Influence People*. New York 1981
Ehrenreich, Barbara: *Smile or Die*. München 2010
Fisher, Robert; Ury, William: *Getting to Yes*. London 1999
Goleman, Daniel: *Emotionale Intelligenz*. München 1996
Goleman, Daniel: *EQ² - Der Erfolgsquotient*. München 1999
Goleman, Daniel; Boyatzis, Richard; McKee, Annie: *Emotionale Führung*. Berlin 2003
Illouz, Eva: *Die Errettung der modernen Seele*. Frankfurt am Main 2009
Illouz, Eva: *Gefühle in Zeiten des Kapitalismus*. Frankfurt am Main 2006
Joseph, Dana L.; Newman, Daniel A.: »Emotional Intelligence: An integrative meta-analysis and cascading model«. *Journal of Applied Psychology*, 2010, 95, S. 54–78

Pascal, Blaise: *Gedanken über die Religion und einige andere Themen*. Stuttgart 1997
Salovey, Peter; Mayer, John D.: »Emotional Intelligence«. *Imagination, Cognition and Personality*, 1990, 9, S. 185–211
Seligman, Martin: *Der Glücksfaktor*. Bergisch Gladbach 2005
Sprenger, Reinhard K.: *Aufstand des Individuums*. Frankfurt am Main 2001
Trahair, Richard C. S.: *Elton Mayo. The humanist temper*. New Brunswick, New Jersey 2009
Zeidner, Moshe; Matthews, Gerald; Roberts, Richard D.: *What we know about Emotional Intelligence*. Boston 2009
Zeidner, Moshe; Matthews, Gerald; Roberts, Richard D.: »Emotional Intelligence in the Workplace. A critical Review«. *Journal of Applied Psychology*, 2004, 53(3), S. 371–399

3 Bullshit

Frankfurt, Harry G.: *Bullshit*. Frankfurt am Main 2006
Frankfurt, Harry G.: *On Truth*. New York 2006
Krämer, Walter; Kaehlbrandt, Roland: *Plastikdeutsch*. München 2009

4 Das »gecouchte« Ich

Fischer-Epe, Maren: *Coaching. Miteinander Ziele erreichen*. Reinbek 2009
Koller, Christine; Rieß, Stefan (Hrsg.): *Jetzt nehme ich mein Leben in die Hand*. München 2009
Schüle, Christian: »Das gecoachte Ich«. *Zeit*, 35/2008

5 Die Gleichmacher

Aristoteles: *Politik*. Hamburg 1981
Goncalo, Jack A.; Staw, Barry M.: »Individualism-collectivism and group creativity«. *Journal of Organizational Behavior and Human Decision Processes*, 2006, 100, S. 96–109
Hofstede, Geert: *Cultures and Organizations*. New York 2010
Lanier, Jaron: *Digital Maoism*. www.edge.org
Nemeth, Charlan J. et al.: »The liberating role of conflict in group creativity«. *European Journal of Social Psychology*, 2004, 34, S. 365–374
Rosenstiel, Lutz von: *Grundlagen der Organisationspsychologie*. Stuttgart 2007
Schein, Edgar: *Organizational Culture and Leadership*. San Francisco 2004
Sennett, Richard: *Der flexible Mensch*. Berlin 1999
Sennett, Richard: *Die Kultur des neuen Kapitalismus*. Berlin 2009
Sprenger, Reinhard K.: *Aufstand des Individuums*. Frankfurt am Main 2001
Stroebe, Wolfgang; Nijstad, Bernard: »Warum Brainstorming in Gruppen Kreativität vermindert«. *Psychologische Rundschau* 2004
Sunstein, Cass R.: *Why Societies Need Dissent*. Boston 2003
Sunstein, Cass R.: *Infotopia. How many minds produce knowledge*. Oxford, New York 2006
Surowiecki, James: *Die Weisheit der vielen*. München 2005

6 Die Weichmacher *und* 7 Die Soft-Läden

Berner, Winfried (2006, 2009): Konfliktkosten: Der ökonomische Preis von Grabenkriegen und Harmoniesucht. www.umsetzungsberatung.de/konflikte/konfliktkosten.php

Boltanski, Luc; Chiapello, Ève: *Der neue Geist des Kapitalismus*. Konstanz 2006

De Dreu, Carsten; Gelfand, Michele J. (Hrsg.): *The Psychology of Conflict and Conflict Management in Organizations*. New York 2008

Ehrenreich, Barbara: *Smile or Die.* München 2010

Goleman, Daniel; Boyatzis, Richard; McKee, Annie: *Emotionale Führung*. Berlin 2003

Landy, Frank J.; Conte, Jeffrey M.: *Work in the 21st Century*. Malden, Mass. 2010

Levy, Paul F.: »The Nut Island Effect. When good Teams go wrong«. *Harvard Business Review*, März 2001

Priester, Karin: »Köhler, Koch und Käßmann: Politik und Authentizität«. *Blätter für deutsche und internationale Politik*, 7/10

Schein, Edgar: *Organizational Culture and Leadership*. San Francisco 2004

Tönnesmann, Jens: »Freunde müsst ihr sein«. *brand eins*, 06/2010

Ury, William/Fisher, Roger: *Getting to Yes.* London 1991

Weber, Max: *Wirtschaft und Gesellschaft*. Tübingen 1980

8 Das Schweigen der Lämmer

Asch, Solomon: *Opinions and Social Pressure.* Scientific American Nov. 1955

Berns, Gregory: *iconoclast*. Boston 2010

Gilovich, Thomas: *How We Know what isn't So*. New York 1991

Nerdinger, Friedemann W.: *Grundlagen des Verhaltens in Organisationen*. Stuttgart 2008

Sunstein, Cass R.: *Infotopia. How many minds produce knowledge*. Oxford, New York 2006

Sunstein, Cass R.: *Why Societies Need Dissent*. Boston 2003

Thaler, Richart /Sunstein, Cass: *Nudge.* Berlin 2008

Wolff, Inge: *Umgangsformen.* München 2002

9 Gegen den Strom

Auletta, Ken: *Googled. The End of the World as we Know it.* New York 2009

Berns, Gregory: *iconoclast*. Boston 2010

Baron-Cohen, Simon: The essential difference. London 2004

Brafman, Ori; Brafman, Rom: *Sway. The irresistable Pull of Irrational Behavior*. London 2009

De Dreu, Carsten/ Van de Vliert, Evert: *Using Conflict in Organizations*. London 1997

Florida, Richard: *The Rise of the Creative Class.* New York 2002

Grandin, Temple: *The world needs people with Aspergers syndrome.* American Normal Oktober 2002 Download unter http://www.dana.org/news/cerebrum/detail.aspx?id=2312

Mercer, Jeremy: »In praise of dissent«. *Ode Magazine*, Juli/August 2010

Meyerson, Debra: »Radical Change, the quiet way«. *Harvard Business Review*, Oktober 2001

Schäfer, Jürgen: »Querdenker«. *Geo*, 02/2010, S. 52 ff.

Sonnenfeld, Jeffrey A.: »What Makes Great Boards Great«. *Harvard Business Review*, September 2002

Sternberg, Robert J.; Lubart, Todd I.: *Defying the Crowd*. New York 1995
Sunstein, Cass R.: *Why Societies Need Dissent*. Boston 2003
Vašek, Thomas: »Big Blues kreative Zerstörung«. *Technology Review*, April 2005
Vašek, Thomas: »Die Rache der Nerds«. *brand eins*, 04/2010

10 Harte Bandagen

Antonakis, John: »Why emotional intelligence does not predict leadership effectiveness«.
The International Journal of Organizational Analysis, 2003, 11, S. 355–361
Aronson, Elliot: *The Social Animal*. New York 2008
Bossidy, Larry; Charan, Ram: *Managen heißt machen*. München 2002
De Dreu, Carsten; Gelfand, Michele J. (Hrsg.): *The Psychology of Conflict and Coflict Management in Organizations*. New York 2008
De Dreu, Carsten; Van de Vliert, Evert: *Using Conflict in Organizations*. London 1997
Drucker, Peter: *The Executive in Action*. New York 1996
Ekman, Paul: *Emotions Revealed*. New York 2003
Galtung, Johan: *Der Weg ist das Ziel*. 1990
Isaacs, William: *Dialogue. The Art of Thinking Together*. New York 1999
Lotter, Wolf: »Heiß-kalt«. *brand eins*, 01/2004
Malik, Fredmund: *Führen, leisten, leben*. München 2001
Schumpeter, Joseph A.: Kapitalismus, Sozialismus und Demokratie. Tübingen 1993

Register